ad.
Fischadler
ad.
Schlangenadler
juv.
Seeadler
4. S.
juv.
2. S.
ad.
Steinadler
juv.
ad.
Schelladler
ad.
Steppenadler
ad./dunkel
ad./hell
Zwergadler
juv.
ad.
Schreiadler
juv.
ad.
Östlicher
Kaiseradler
ad.
Spanischer
Kaiseradler
juv.
ad.
Habichtsadler

DANIEL SCHMIDT-ROTHMUND
WINFRIED NACHTIGALL
THEODOR MEBS

Die Greifvögel —Europas

KOSMOS

Inhalt

Vorwort

Es war für Dr. Theodor Mebs eine große Freude, dass er Anfang der 1960er-Jahre Kontakt zum Kosmos-Verlag in Stuttgart erhielt und schließlich 1964 den ersten Naturführer über die Greifvögel Europas verfassen konnte. Damals stand es nicht gut um diese Vogelgruppe, denn einige Arten durften in bestimmten Zeiträumen des Jahres noch bejagt werden. Inzwischen unterstehen sämtliche Greifvögel in Europa einem gesetzlichen Schutz. Man hat erkannt, dass Greifvögel wichtige Glieder der Lebensgemeinschaften in der Natur sind und gleichzeitig als sogenannte „Bioindikatoren" Rückschlüsse auf den Zustand unserer Umwelt ermöglichen.

Beispielsweise war der Bestand des Wanderfalken zwischen 1965 und 1975 in Mitteleuropa unmittelbar vom Aussterben bedroht und es gab kaum noch Hoffnung, ihn zu retten. Innerhalb von nur zwei Jahrzehnten hatte sein Brutbestand sowohl in Europa als auch in Nordamerika um rund 90 % abgenommen. Hauptursache war die Belastung mit Bioziden, z. B. chlorierte Kohlenwasserstoffe wie DDT, Dieldrin und HCB, die zur Insektenbekämpfung bzw. Saatgutbeize eingesetzt wurden. Die Gefährlichkeit dieser Stoffe wurde erstmals in vollem Umfang erkannt, als intensive Untersuchungen über die Ursachen des katastrophalen Bestandsrückganges beim Wanderfalken durchgeführt wurden. Dies hat entscheidend dazu beigetragen, dass die Anwendung dieser Biozide inzwischen in allen europäischen Ländern verboten ist. Seitdem geht es mit dem Wanderfalken wieder aufwärts. Auch die Bestände des Sperbers, des Fischadlers und einiger anderer Arten, die infolge der Biozidbelastung ebenfalls sehr stark abgenommen hatten, konnten sich wieder erholen.

Unter diesem Aspekt wurde 1988 dieses Buch von Theo Mebs über die „Greifvögel Europas" völlig neu bearbeitet. Schon zuvor gab es sowohl auf regionaler als auch auf nationaler und internationaler Ebene viele neue Arbeitsgruppen, die sich aktiv um die Erforschung und den Schutz von Greifvögeln kümmerten. Ihre neuen Ergebnisse zu schildern und ihre Arbeit zu stärken, war ein Hauptziel dieses Kosmos-Naturführers.

Eine 2. Auflage der Neubearbeitung erschien im Jahr 1994, denn inzwischen hatten sich die politischen Verhältnisse in Europa so stark verändert, dass allein schon deshalb eine Überarbeitung dieses Buches erforderlich war. Durch sehr viele Kontakte zu Fachkollegen in den einzelnen Ländern hatte Theo Mebs es geschafft, viele neue Zahlen über die Brutbestände der Greifvögel und Falken zu erhalten.

Beim Vergleich der aktualisierten Bestandszahlen mit den früheren Werten fiel bei einigen Greifvogelarten eine positive Entwicklung auf. Diese war teils auf genauere Bestandserfassungen, teils aber auch auf tatsächliche Zunahmen als Ergebnis erfolgreicher Schutzmaßnahmen zurückzuführen. Trotz dieser erfreulichen Entwicklungen ist es jedoch nicht zu übersehen, dass sowohl in Europa als auch weltweit viele Greifvogelarten in ihren Brutbeständen weiterhin bedroht sind. Direkte und indirekte Eingriffe des Menschen in das Klima und in Lebensräume führen zu großen Verlusten der Biodiversität.

Nach Erscheinen der 3. Auflage von 2002 legte Theo Mebs eine weitere Neufassung im Jahr 2012 vor, um in dieser 4. Auflage viele Neuerungen im Wissen über die Greifvögel Europas vorzustellen. Beispielsweise hatten sich viele neue Erkenntnisse durch die Satelliten-Telemetrie ergeben.

Nach einem langen und erfüllten Leben verstarb Dr. Theodor Mebs im Jahr 2017 im Alter von 87 Jahren. Sein Werk war über mehr als 50 Jahre für viele Leserinnen und Leser der sehr beliebte Einstieg in die Greifvogelkunde. Es war stets der Wunsch von Theo Mebs, dass dieses Buch den Greifvögeln und Falken viele neue Freunde bringen und zur Stärkung von Schutzmaßnahmen für sie beitragen sollte. In diesem Sinn verstehen auch wir unsere Bemühungen, mit der hier vorgelegten neuen und aktualisierten 5. Auflage sein Werk fortzuführen.

Dr. Daniel Schmidt-Rothmund &
Dr. Winfried Nachtigall

Dieses Buch ist unserer Kollegin Dr. Anita Gamauf († 2018) gewidmet, die sich um die Erforschung und um den Schutz der Greifvögel und Falken sehr verdient gemacht hat. Sie sollte Co-Autorin dieses Buches werden, verstarb aber unerwartet zuvor.

Rohrweihen-Männchen bremst seinen Flug mit gespreizten Schwanzfedern bei der Landung im Schilfröhricht.

Die Greifvögel und Falken Europas im Überblick

Greifvögel haben den Menschen von jeher fasziniert, vor allem durch den besonders eindrucksvollen Anblick, den sie im Flug bieten. Als „Herrscher der Lüfte" wurden Adler zum Symbol der Macht auf Wappen und Hoheitszeichen. Greifvögel kommen mit mehr als 330 verschiedenen Arten auf der ganzen Welt vor, jedoch in sehr ungleicher Verteilung. Die weit überwiegende Zahl der Arten (ca. 220) lebt in den tropischen Savannen und Regenwäldern, während z. B. in der arktischen Tundra nur 4 Arten brüten. In Europa sind bisher 39 Arten als Brutvögel nachgewiesen. Wir finden im Sinne der zoologischen Systematik Vertreter aus 3 Familien (Pandionidae, Accipitridae, Falconidae) und 15 verschiedenen Gattungen. Die Spanne der Körperlängen ist groß: vom kleinen Merlin mit 26–33 cm, der als Brutvogel in nordischen Offenlandschaften lebt, bis hin zum gewaltig großen Bartgeier mit 105–125 cm, der in den hohen Gebirgen Europas vorkommt. Bei einer einfachen Einteilung lassen sich 9 Arten (davon 6 Falkenarten) als klein (um 30 cm), 22 Arten als mittelgroß (50–60 cm) und 8 Arten als groß (ab 80 cm) bezeichnen. In der Mehrzahl leben die europäischen Greifvögel in verschiedenen Typen der Offenlandschaft, von Ackerland und Gefildelandschaft bis hin zu Steppen und Wüsten, nicht selten bis in Hochlagen. Hauptsächlich an Gewässern leben mit Fischadler, Seeadler und Rohrweihe nur 3 Arten. Der Eleonorenfalke hat sich besonders stark spezialisiert: Mit seinem Leben an Küstenfelsen vor allem auf Mittelmeerinseln nutzt er den Kleinvogelzug für seine Ernährung und die seiner Jungen. In Abhängigkeit der Lebensbedingungen, d. h. von Nahrung, Brutplätzen, Störungen und Verfolgung, sind die Brutbestände der einzelnen Arten unterschiedlich groß. Die seltensten Arten Europas sind mit etwas über 500 Paaren der Würgfalke sowie der Lannerfalke mit um die 600 Brutpaaren. Die beiden häufigsten Arten sind der Turmfalke mit ca. 0,5 Mio. und der Mäusebussard mit rund 1,1 Mio. Brutpaaren. Nach Zeiten kleiner Brutbestände aufgrund von Verfolgung durch Menschen und negativen Einflüssen von Umweltgiften geht es gegenwärtig der Mehrzahl der europäischen Greifvogelarten wieder besser. 25 der 39 europäischen Arten zeigen nach Angaben von BirdLife International stabile oder steigende Brutbestände, für 5 Arten sind die Entwicklungen unbekannt und 9 Arten weisen Bestandsrückgänge auf. Europa hat bei den einzelnen Arten eine unterschiedliche Bedeutung als Vorkommensgebiet im weltweiten Vergleich. Mit mehr als 75 % ihrer weltweiten Bestände leben Wespenbussard, Kurzfangsperber, Eleonorenfalke, Rotmilan und Spanischer Kaiseradler in Europa. Im Vergleich der Regionen Europas sind Süd- und Osteuropa am bedeutendsten. Hier kommen zum einen die meisten Arten und zum anderen auch die meisten Arten mit den größten Bestandsanteilen innerhalb Europas vor.

Im Abflug wirbelt der Wanderfalke Schnee auf.

Gänsegeier an ihrem Ruheplatz auf einem Felsband.

Das Leben der Greifvögel und Falken

Verwandtschaftsverhältnisse

Aufgrund von molekulargenetischen Unterschieden benennt die zoologische Systematik heute die Greifvögel (Accipitriformes) als eine Ordnung, in der die Familie der Fischadler (Pandionidae) neben der Familie der Habichtverwandten (Accipitridae) steht. Die Falken wurden inzwischen als eine andere, eigene Ordnung (Falconiformes) benannt, die die Familie der Falconidae umfasst. Bis vor wenigen Jahren waren die beiden Ordnungen in einer zusammengefasst, die im Deutschen als Greifvögel bezeichnet wurde. Wir schreiben im Folgenden daher zur Vereinfachung meist nur Greifvögel bzw. Greifvogelarten, meinen aber damit immer auch die Falken(arten).

Von den Greifvögeln unterscheiden sich die Falken auch im Körperbau und in der Lebensweise, außerdem in folgenden auffälligen Merkmalen:

Der Habicht ist mit seinem „Hakenschnabel" der Inbegriff eines Greifvogels.

- An der Unterkante des Oberschnabels befindet sich beiderseits ein spitzer Vorsprung, der sogenannte „Falkenzahn", dem eine Einkerbung in der Oberkante des Unterschnabels gegenübersteht. Dadurch sind die Falken besser befähigt, ihre Beutetiere durch einen Biss in deren Nacken zu töten, wobei die Halswirbel durchtrennt werden.
- Bei Falken ist das Nasenloch rund und in dessen Mitte steht ein Zäpfchen hervor. Bei den Greifvögeln ist das Nasenloch dagegen eher oval oder schlitzförmig.
- Die Mauser der Handschwingen (Federn an den „Flügelspitzen") verläuft bei den Falken in einer anderen Reihenfolge als bei den Greifvögeln.
- Falken bauen kein eigenes Nest, sondern legen ihre gelblich braunen bis rötlich braunen Eier auf eine vorhandene Unterlage, z. B. in ein altes Nest einer anderen Vogelart oder auf den blanken Boden eines Felsbandes oder einer Höhlung.

Im Gegensatz zu den Falken töten Greifvögel ihre Beutetiere durch einen kräftigen Griff mit den spitzen Krallen ihrer Fänge. Nur die Geier, die sich von bereits toten Tieren ernähren, haben stumpfe Krallen. Der Schnabel hat scharfe Schneidekanten, sodass Fleischstückchen aus der Beute herausgeschnitten und Sehnen durchtrennt werden können. Die großen Geier sind mit ihrem kräftigen Schnabel imstande, die dicke Haut von Kadavern aufzureißen.

Geschlechtsdimorphismus

Bei den meisten Greifvogelarten ist das Weibchen größer und schwerer als das Männchen, bei einigen Arten wenig, bei anderen Arten mehr. Dies hängt wohl hauptsächlich mit der Arbeitsteilung in der Fortpflanzungszeit zusammen: Das Weibchen hält sich schon einige Zeit vor Beginn der Eiablage ständig im Nestbereich auf und wird vom Männchen mit Nahrung versorgt. Es hat dann entsprechende Fettreserven, um Eier zu legen und auszubrüten sowie die kleinen Jungen zu betreuen. Das kleinere und leichtere Männchen, das für die Ernährung des Weibchens und anschließend auch der kleinen Jungen überwiegend sorgt, muss deshalb ein möglichst wendiger, erfolgreicher Jäger sein. Dafür sind etwas kleinere Körpermaße von Vorteil. Am ausgeprägtesten ist der Größen- und Gewichtsunterschied der Geschlechter bei denjeni-

Im Porträt eines Wanderfalken erkennt man gut den „Falkenzahn" an der Unterkante des Oberschnabels. Im rundlichen Nasenloch steht ein Zäpfchen. Das Auge ist im Verhältnis zum Kopf sehr groß.

gen Greifvogel- und Falkenarten, die vorwiegend oder fast ausschließlich fliegende Vögel erbeuten, nämlich bei Habicht und Sperber sowie beim Wanderfalken. Beim Sperber wiegt das Weibchen in der Brutzeit etwa doppelt so viel wie das Männchen.

Lebensräume

Generell muss der Lebensraum ausreichend Nahrung und geeignete Brutplätze bieten. Hinsichtlich der Nahrung ist deren Erreichbarkeit von entscheidender Bedeutung. Es kommt darauf an, dass die vorhandenen Beutetiere auch gefangen werden können. Insofern können z. B. die Dichte der Vegetation oder die Höhe einer geschlossenen Schneedecke als limitierende Faktoren eine wichtige Rolle spielen. Während die meisten Greifvogelarten zum Jagen auf offenes Gelände angewiesen sind, brauchen einige andere Arten (z. B. Habicht und Sperber) eine deckungsreiche Landschaft, um sich im Flug möglichst ungesehen anpirschen und den Überraschungseffekt nutzen zu können. Bei der Brutplatzwahl sind manche Arten anpassungsfähig, wobei andere Arten besondere Ansprüche stellen.

Siedlungsdichte und Reviergröße

Die Siedlungsdichte ist abhängig von der Qualität des Lebensraumes und von der Höhe des erreichbaren Nahrungsangebotes. Gemäß den Bestandsschwankungen der Hauptbeutetierarten (z. B. Wühlmäuse) zeigt die Siedlungsdichte (z. B. bei Mäusebussard und Turmfalke) im Verlauf mehrerer Jahre entsprechende Schwankungen. Hierbei ist auch zu berücksichtigen, dass bei Nahrungsknappheit ein Teil der Paare nicht zur Brut schreitet.
Als Revier im eigentlichen Sinn wird das Territorium bezeichnet, das gegen Artgenossen verteidigt wird. Bei einigen Arten handelt es sich hierbei nur um die nähere Umgebung des Nestes. Zudem wer-

Bei der Getreideernte werden die zuvor dicht bewachsenen Flächen plötzlich freigelegt. Dadurch wird ein großes Nahrungsangebot verfügbar. Jagende Schwarzmilane und Weißstörche nutzen hier die Gelegenheit.

Ein Schwarzmilan erbeutet auffliegende Grüne Heupferde beim Dreschen von Getreide.

den Eindringlinge oft nur aus dem Revier hinausbegleitet. Manche Arten sind jedoch sehr territorial und vertreiben Artgenossen auch in weiterer Entfernung vom Nest mit großer Vehemenz. Andere Arten leben gesellig und brüten z. T. kolonieweise in enger Nachbarschaft.
In jedem Fall muss der Lebensraum, der einem Paar als Jagdgebiet zur Verfügung steht, groß genug sein, um ausreichend Nahrung auch für eine erfolgreiche Jungenaufzucht zu bieten. Dabei können die Jagdgebiete benachbarter Paare sich teilweise überlappen bzw. bei Koloniebrütern dieselbe Fläche sein.

Jagdweise und Ernährung

Die optimalen Anpassungen der verschiedenen Greifvogel- und Falkenarten an ihre Umwelt kommen bei der Flug- und Jagdweise, die dem Nahrungserwerb dient, besonders deutlich zur Geltung. Sie alle besitzen ein ausgezeichnetes Sehvermögen und können ihre Beute auch aus größerer Entfernung entdecken. Bei einigen Arten, z. B. bei den Weihen, ist auch das Hörvermögen gut entwickelt, sodass sie Beutetiere auch in dichter Vegetation aufgrund deren Lautäußerungen lokalisieren können.

Nach dem Eintauchen ins Wasser muss sich der Fischadler mit schweren Flügelschlägen zunächst selbst aus dem Wasser erheben und dann auch noch den zappelnden Fisch hinter sich herziehen.

Fischadler im Abflug mit erbeutetem Fisch.

Die Geier- und Adlerarten, die im Segelflug große Gebiete nach Nahrung absuchen und dabei die Aufwinde der Thermik nutzen, haben sehr lange und breite Flügel, mit denen sie zum Segelflug besonders gut befähigt sind. Somit können sie große Gebiete energiesparend absuchen, in denen sie regelmäßig Aas, also bereits tote Tiere, aufspüren. Demgegenüber sind bei den Falken, die im freien Luftraum fliegende Vögel oder Insekten jagen, die langen Flügel schmal und spitz. Sie jagen ihre Beutetiere z. T. auf große Entfernung an und können dabei enorme Geschwindigkeiten entwickeln, vor allem im freien Fall aus großer Höhe.

Die „Kurzstreckenjäger" der deckungsreichen Landschaft, also Habicht und Sperber, sind mit relativ kurzen und breiten Flügeln sowie langem Schwanz zu sehr wendigem Flug fähig und können vom Start weg auf kurzen Strecken hohe Geschwindigkeit erreichen. Besonders zu erwähnen ist hier die optimale Anpassung des Fischadlers an seinen Nahrungserwerb, den Fischfang, sowohl im Körperbau als auch in der Jagdweise (siehe S. 32). Während manche Greifvogelarten in ihrer Ernährung ausgesprochen spezialisiert sind (z. B. der Fischadler), haben die meisten Arten ein breites Beutespektrum, das sie je nach den örtlichen und jahreszeitlichen Gegebenheiten nutzen. In der Regel bilden diejenigen Tierarten einer bestimmten Größenklasse die Hauptbeute, die gerade besonders häufig vorkommen.

Die Kopulation ist bei Vögeln, hier Baumfalken, ein Balanceakt und verlangt eine optimale Abstimmung beim Paar.

Baumfalken haben ein Nest in großer Höhe auf einem Gittermast einer Stromleitung belegt.

Fortpflanzung

Bei den großen Arten wird die Geschlechtsreife erst im Alter von mehreren Jahren erreicht, während kleine Arten z. T. schon gegen Ende des 1. Lebensjahres fortpflanzungsfähig sind. Balz und Paarbildung vollziehen sich unter häufigen Lautäußerungen und mit eindrucksvollen Balzflügen, wobei die Vögel hoch am Himmel kreisen, steil herunterstürzen und wieder hochsteilen sowie spielerisch aufeinanderstoßen. Das Nest wird teils auf Bäumen, teils in Felswänden, teils am Erdboden erbaut, abgesehen von den Falken, die keine eigenen Nester bauen können, sondern leere Nester anderer Vögel übernehmen oder nur eine Mulde in den Untergrund scharren.
Bei den meisten Arten findet Arbeitsteilung statt, indem das größere und schwerere Weibchen Eier legt und ausbrütet sowie die kleinen Jungen betreut, während das Männchen die Nahrung für die ganze Familie erjagt und herbeiträgt. Darüber hinaus findet bei vielen Arten aber auch zwischen

Neben den wenige Tage alten Baumfalken-Nestlingen liegt noch ein ungeschlüpftes Ei.

Mit rund 35 Tagen werden junge Baumfalken flügge. Sie sind dann am frischen Gefieder und den hellen Federrändern gut zu erkennen.

Sperber-Weibchen bringt Beute ans Nest zu seinen ca. 3 Wochen alten Jungen.

Junge Turmfalken am Nistkasten. Mit ihren etwa 30 Tagen sind sie schon flügge.

Bebrütung, Betreuung der Jungen und Nahrungsbeschaffung ein Wechsel zwischen Männchen und Weibchen statt.

In diesem Zusammenhang ist es besonders bemerkenswert, dass bei manchen Arten ein Männchen gleichzeitig mit mehreren Weibchen verpaart sein kann, was unter Ausnutzung eines reichen Beuteangebotes offenbar Vorteile bringt.

Alle jungen Greifvögel sind ausgesprochene Nesthocker, die z. T. sehr lange Zeit brauchen, bis sie flugfähig sind. Sie tragen zunächst das 1. Dunenkleid, das in der Regel reinweiß ist und aus den dunig umgewandelten Spitzen der Konturfedern besteht. Nach gewisser Zeit wird es von dem meist grauen 2. Dunenkleid abgelöst, das aus den primären Pelzdunen besteht und die hervorsprießenden Konturfedern so lange verdeckt, bis diese länger geworden sind.

In den ersten Lebenstagen werden die kleinen Jungen von der Mutter gehudert und warm gehal-

Nach rund 11 Wochen sind junge Seeadler flügge und dann genauso groß wie die Altvögel. Hier droht der junge Seeadler mit aufgespreizten Flügeln und aufgesperrtem Schnabel.

ten, später intensiv bewacht. Das Männchen schafft die Nahrung herbei, die vom Weibchen oder auch vom Männchen in kleinen Bissen an die Jungen verteilt wird. Bei Nahrungsknappheit kommt häufig das kleinste Junge zu kurz und geht zugrunde. Erst wenn die Jungen groß genug sind, um die zugetragene Beute selbstständig fressen zu können, lockert sich die feste Bindung des Weibchens, und schließlich beteiligt es sich auch am Nahrungserwerb für die Jungen.

Mit dem Wachsen des Gefieders üben die Jungen immer häufiger ihre Schwingen, bis sie dann als „Ästlinge" am Nestrand stehen und ihren ersten Ausflug wagen. In der anschließenden „Bettelflugperiode" veranlassen sie ihre Elterntiere durch häufige Bettelrufe zum Bringen von Beute, fliegen den Altvögeln entgegen oder hinterher und betteln ihnen die Beute ab, bis sie schließlich durch wachsende Übung in der Lage sind, auch selbstständig Beute zu machen.

Große Arten wie Geier und Adler ziehen meist nur ein Junges auf – und nicht jedes Jahr –, während kleine Arten (z. B. Sperber oder Turmfalke) aus einer Brut 5–6 Junge zum Ausfliegen bringen können.

Die Fortpflanzungsrate (= Durchschnittszahl der flüggen Jungen pro begonnener Brut) ist in Abhängigkeit von Nahrungsangebot, Siedlungsdichte und Bruterfolg ein wichtiger Maßstab für die Situation und Bestandsentwicklung einer Population. Über einen mehrjährigen Zeitraum hinweg muss die Fortpflanzungsrate im Mittel groß genug sein, damit ausreichend viele Jungvögel das fortpflanzungsfähige Alter erreichen und die entstehenden Lücken durch Tod im Altvogelbestand immer wieder geschlossen werden. Im Zusammenhang damit sind die Überlebensraten in den einzelnen Altersklassen – vor und nach dem Erreichen der Fortpflanzungsfähigkeit – von entscheidender Bedeutung.

Wanderungen

Während bei einigen Greifvogelarten zumindest die Altvögel ausgesprochene Standvögel sind, die auch in den nördlichsten Gebieten Europas den Winter über im Brutgebiet verbleiben (z. B. Steinadler, Gerfalke, Habicht), sind mehrere andere Arten typische Zugvögel, die auch aus den klimatisch milderen Gebieten Südeuropas im Herbst abziehen, um in Afrika die Monate des nordischen Winters zu überdauern. Solche ausgesprochenen Zugvögel sind z. B. Fischadler, Wespenbussard, Schlangenadler, Wiesenweihe, Schreiadler, Zwergadler, Baumfalke, Rotfußfalke und Rötelfalke. Jedoch kann es auch innerhalb einer Art unterschiedliches Wanderverhalten geben, sodass die nordeuropäischen Populationen Zugvögel und die südeuropäischen Populationen Standvögel sind. Zudem verstreichen bei nahezu allen Arten die Jungvögel nach dem Selbstständigwerden aus dem elterlichen Revier in alle möglichen Richtungen. Diese ungerichtete Abwanderung kann dann im Herbst zum Teil in gerichteten Zug übergehen. Sehr auffällig sind die Wanderungen derjenigen Greifvogelarten, die im Segel- und Gleitflug ziehen, wobei sie von den Aufwinden der Thermik abhängig sind. Mit deren Hilfe kreisen sie in die Höhe und gleiten dann in Zugrichtung abwärts bis zur nächsten Stelle, an der Thermik herrscht. Weil es über dem Meer keine Thermik gibt, meiden sie nach Möglichkeit die Überquerung des Mittelmeeres bzw. des Schwarzen Meeres und konzentrieren ihren Zug an den Meeresengen bei Gibraltar (westliche Zugschiene), zwischen Sizilien und Tunesien (mittlere Zugschiene), am Bosporus (östliche Zugschiene) sowie bei Batumi/Georgien am Ostufer des Schwarzen Meeres.

Gleichzeitig zeigen neueste telemetrische Studien auch bei mehreren Arten offensichtlich direkten Überflug größerer Wasserstrecken. An den Konzentrationspunkten des Vogelzuges kann man bei günstigen Bedingungen beeindruckende Zugtage erleben. So erfassten die Beobachter an einem einzigen Tag, am 28. August 2011, in Batumi/Georgien allein etwa 89 000 vorüberziehende Wespenbussarde.

Rotmilane sammeln sich oft in großen Gruppen zur Rast oder Übernachtung.

Wespenbussard im typischen Segelflug, als Männchen hier gut erkennbar am grauen Kopf und den gelben Augen.

Auf dem Zug kreisen unzählige Wespenbussarde in der Thermik, um an Höhe zu gewinnen (bei Batumi/Georgien).

Gänsegeier wurden in einem Schutzprojekt als Brutvögel in Südfrankreich erfolgreich wiederangesiedelt.

Greifvögel und Falken schützen

An vielen Fürstenhöfen spielte die Beizjagd mit Falken und Adlern vom Mittelalter bis in die Neuzeit hinein eine bedeutende Rolle als gesellschaftliches Vergnügen. Falken dienten als Geschenke auch bei diplomatischen Beziehungen. Damals wirkte es sich als Schutz für die Greifvögel aus, dass sich die Herrschenden den Zugriff auf diese Tiere selbst vorbehielten. Mit der Entwicklung von Schusswaffen, die eine leichte Bejagung des Niederwildes ermöglichte und schnell dessen Verminderung bewirkt hat, bahnte sich jedoch im 18. und 19. Jahrhundert eine verhängnisvolle Entwicklung an: Greifvögel wurden als Konkurrenten betrachtet und als „Raubvögel" mit allen Mitteln bekämpft, abgeschossen oder in Fallen gefangen. Dabei bildete die Zahlung von Prämien für die abgelieferten Fänge einen erheblichen Anreiz. Diese Vernichtung von Greifvögeln hat dazu geführt, dass viele Brutvorkommen von Adlerarten Mitte bis Ende des 19. Jahrhunderts in großen Teilen Mitteleuropas völlig erloschen sind. Aber auch alle anderen Greifvogelarten wurden sehr stark dezimiert. Glücklicherweise sind diese Zeiten vorbei und die Bestände verschiedener Arten konnten sich wieder erholen. Ab Mitte des 20. Jahrhunderts lebte die Bejagung von Greifvögeln aber wieder auf. Zwischen 1950 und 1970 wurden – allein in der BRD – alljährlich Tausende von Greifvögeln erlegt, da einige Arten (Habicht, Sperber, Mäusebussard, Raufußbussard, Rohrweihe und Fischadler) noch regulär bejagt werden durften. Erst im Laufe der 1970er-Jahre wurde in der BRD die gesetzliche ganzjährige Schonzeit für alle Greifvögel erlassen. Man hatte erkannt, dass diese Tiere eine wichtige Rolle innerhalb der Lebensgemeinschaften spielen, nicht nur indem sie im Sinne der natürlichen Auslese wirken. Diese Einsicht hat sich auch bei einem Großteil der Jägerschaft inzwischen durchgesetzt. Doch auch heute noch zeigen zahlreiche Nachweise illegaler Greifvogelverfolgung in verschiedenen deutschen Bundesländern, dass es immer noch uneinsichtige Zeitgenossen gibt. Aus den bekannten und zur Anzeige gebrachten Fällen ergaben sich zuletzt aber nur wenige ernsthafte Verurteilungen.

Noch viel schlimmer stellt sich die aktuelle Lage in anderen Ländern dar. Im Libanon z. B. werden von Jägern immer wieder „zum Spaß" große Haufen abgeschossener Vögel präsentiert. In Schottland werden unliebsame Beutegreifer der Moorschnee-

Totfund eines adulten Seeadlers als Unfallopfer an einer Windenergieanlage. In Deutschland sind bereits mehr als 190 solcher Fälle dokumentiert (Stand: September 2020).

hühner radikal verfolgt und beseitigt, nur um die „Tradition" der gewinnbringenden Hühnerjagd weiter zu ermöglichen. Diese Beispiele illegaler und legaler Verfolgung ließen sich für viele andere Länder leider leicht ergänzen.

Ein anderer Faktor der Gefährdung von Greifvögeln sind Umweltgifte. Durch den stark angestiegenen Einsatz von hochgiftigen Pflanzenschutzmitteln und anderen Pestiziden kam es weltweit ab den 1960er-Jahren zu dramatischen Abnahmen von Greifvogelbeständen. Dadurch wurden einige Greifvogelarten, die als Endglieder der Nahrungskette hiervon besonders betroffen waren, an den Rand des Aussterbens gebracht, vor allem der Wanderfalke, der Sperber, der Fisch- und der Seeadler. Durch einige Umweltgifte kam es zu Dünnschaligkeit und Bruch der Eier und damit zu ausbleibendem Bruterfolg. Auch wenn verschiedene Substanzen zwischenzeitlich verboten sind, lassen sich durch den intensiven Gebrauch neuer und alter Wirkstoffe mittlerweile gravierende Auswirkungen auf Beutetiere bestimmen. Zudem gibt es über langfristige Wirkungen möglicherweise noch unerforschte Zusammenhänge von Reproduktion, Fitness und Überlebensraten.

Junger Baumfalke verwickelte sich im Nest in Bindegarnresten und starb darin als Folge seiner Erschöpfung.

Infolge der jagdlichen Schonung und des Verbots der Anwendung bestimmter Biozide sowie dank der aktiven Schutzbemühungen für stark gefährdete Greifvögel konnten sich die Bestände einiger Arten wieder erholen. Aber es sind weitere Anstrengungen nötig, um auch die Bestände der noch immer gefährdeten Arten zu erhalten. Dazu ist vor allem die großflächige Sicherung der Lebensräume erforderlich sowie nicht nachlassende Wachsamkeit gegenüber Schädigungen durch Umweltgifte.

Wie kaum ein anderes Thema zeigt die Nutzung und der massive Ausbau erneuerbarer Energien den Konflikt verschiedener Nutzungsinteressen. Viele Greifvögel kommen an Windenergieanlagen direkt zu Tode, wenn sie beim Durchflug von einem Rotorblatt erschlagen werden (S. 23, Abb. oben). Die Staatliche Vogelschutzwarte in Brandenburg führt das deutsche Verzeichnis der bekannten Todesfälle von Vögeln an Windrädern. Die Statistik wird mit Mäusebussard und Rotmilan von 2 Greifvogelarten „angeführt" und 42 % aller Funde sind Greifvögel (Stand: September 2020). Aber auch achtlos in der Landwirtschaft liegen gelassenes Bindegarn führt zu direkten Todesfällen. Durch den Eintrag in Nester als vermeintliches Nistmaterial können sich Jung- und Altvögel darin verheddern und verenden dann elendig (S. 23, Abb. unten).

Um all diesen Gefährdungen zu begegnen, sind vor allem ganze Lebensräume und besonders die Brutplätze zu schützen. Bei bestandsgefährdeten Arten können aktive Schutzmaßnahmen bedeutende Erfolge erzielen. Hierzu seien einige Beispiele genannt:

- Zum Schutz der Brutplätze von Fischadler, Seeadler und Schreiadler wurden im nordöstlichen Deutschland, in Mecklenburg-Vorpommern und in Brandenburg, gesetzliche Horstschutzzonen mit einem Radius von 300 m um jeden Brutplatz eingerichtet. Dort dürfen forstliche Arbeiten und Jagdausübung nur außerhalb der Brut- und Aufzuchtperiode stattfinden. In weiteren Bundesländern gibt es mittlerweile freiwillige Selbstverpflichtungen der Forstbetriebe.
- Durch die „Projektgruppe Seeadlerschutz" in Schleswig-Holstein sowie durch die „Arbeitsgemeinschaft Wanderfalkenschutz" in Baden-Württemberg" wurden mit vielen freiwilligen Helfern über Jahrzehnte die Nester während der Brut- und Aufzuchtperiode rund um die Uhr bewacht, gegen Störungen durch Menschen und um den Raub von Eiern oder Jungen zu verhindern. Ähnliche Bewachungsaktionen laufen auch in anderen Ländern mit gutem Erfolg.
- Für den Wanderfalken hat man in verschiedenen Bundesländern sichere Brutplätze geschaffen, indem in Felswänden große Nischen und Höhlen herausgemeißelt wurden. Andernorts hat man für Wanderfalken geeignete Brutkästen an Steinbruchwänden oder hohen Gebäuden angebracht. Viele Plätze wurden angenommen und erbringen seither alljährlich erfolgreiche Bruten.
- Bei Fischadlern hat sich das Anbringen von künstlichen Nistplattformen sehr positiv ausgewirkt. Der Bruterfolg dieser Art in Kunstnestern ist deutlich größer als in natürlichen Nestern, weil Letztere nicht selten abstürzen.

Mit mehreren Greifvogel- bzw. Falkenarten liefen oder laufen noch sehr erfolgreiche Wiederansiedlungsaktionen in Ländern, in denen diese Arten keine Brutvorkommen mehr hatten. Teilweise fallen darunter auch Aktionen zur Bestandsstützung.

- Seeadler in Schottland (2018: 130 Brutpaare);
- Rotmilan in England und Schottland (2018: 1800 Brutpaare);
- Bartgeier in den Alpen (2019: 57 besetzte Brutreviere);
- Gänsegeier in Südfrankreich (2010: ca. 700 Paare);
- Mönchsgeier auf Mallorca (2011: 16 Paare) und in Südfrankreich (2011: 30 Paare);
- Wanderfalke in Ostdeutschland, Wiederbegründung der Baumbrüterpopulation (2018: 76 beflogene Reviere).

Die Grundvoraussetzung für einen effektiven Greifvogelschutz ist die Kenntnis der Bestandssituation der einzelnen Arten. Deshalb sind zunächst Bestandsaufnahmen und Datensammlungen erforderlich. Auf möglichst großen Untersuchungsflächen (mindestens 100 km^2) müssen über mehrere Jahre hinweg folgende Untersuchungen durchgeführt werden:

- Kartierung der Brutplätze (nur aus sicherer Entfernung ohne Störung der Bruten);
- Kontrolle des Bruterfolgs und Feststellung der Anzahl ausgeflogener Jungvögel;
- nach Möglichkeit Erfassung des Nichtbrüter-Anteils, der Nahrungsbasis und von Verlustursachen.

Die wissenschaftliche Vogelberingung und deren Datenauswertung erbringt hierzu besonders wertvolle Kenntnisse. Mit einem Vergleich der gewonnenen Daten ist eine realistische Einschätzung der Bestandssituation und -entwicklung möglich. Ein weiterer wesentlicher Punkt bei all diesen Bemühungen ist eine entsprechende Öffentlichkeitsarbeit. Durch Information und Aufklärung, Werbung um Verständnis und Erziehung zum Greifvogelschutz werden äußerst wichtige Beiträge geleistet. Gleichzeitig wird damit auch eine Einschränkung menschlicher Störungen erreicht und die Verfolgung von illegalen Eingriffen zu einem Anliegen der Öffentlichkeit gemacht.

Junge, gezüchtete Wanderfalken stehen am Rand eines geöffneten Freilassungskäfigs. So wurden sie in Ostdeutschland sehr erfolgreich als Baumbrüter wiederangesiedelt.

Greifvögel und Falken beobachten

Wer Greifvögel in der freien Natur näher kennenlernen will, sollte eine gute optische Ausrüstung haben, d. h. mindestens ein hochwertiges Fernglas mit 8- oder 10-facher Vergrößerung. Um vorbeifliegende Greifvögel mit dem Fernglas schnell erfassen zu können und nicht gleich wieder aus dem Blickfeld zu verlieren, darf die Vergrößerung des Fernglases nicht zu stark sein. Zur Beobachtung eines ruhenden Greifvogels oder eines Nestes aus größerer Entfernung – ohne zu stören – ist ein Fernrohr (Spektiv) mit starker Vergrößerung (z. B. 20- bis 60-fach) erforderlich, das man auf ein Stativ montiert. Sehr hilfreich sind auch moderne Digitalkameras mit Superteleobjektiven, die gute Fotos auch aus größerer Entfernung ermöglichen. Beobachtungen und Fotoarbeiten dürfen aber nie in der Nähe von Nestern erfolgen und dabei zu Störungen des Brutgeschäfts führen. Solche Störungen sind gesetzlich verboten.

Eine andere Grundvoraussetzung zum besseren Kennenlernen von Greifvögeln im Freiland ist die Kenntnis der Flugbilder der einzelnen Arten sowie der Unterscheidungsmerkmale zu anderen, ähnlichen Arten. Hierzu hilft nur häufiges Beobachten und Übung, um notwendige Details kennenzulernen. Besonders wichtig zur richtigen Artbestimmung sind die Merkmale zur Unterscheidung von Jungvögeln ähnlicher Arten, insbesondere der noch nicht geschlechtsreifen (immaturen) Vögel, die sich in Übergangsstadien zwischen Jugend- und Alterskleid befinden.

Um einzelne Greifvogelarten gezielt kennenlernen zu können, muss man deren Verbreitung, Vorkommen und Lebensraumansprüche berücksichtigen. Nur dann hat man Aussicht auf Erfolg. Wir können unterscheiden:

- **Beobachtungen im Brutgebiet:** Generell empfiehlt es sich, Beobachtungsorte zu wählen, von denen aus man einen guten Überblick hat. Besonders günstige Zeiten zur Beobachtung sind die Balzzeit im Frühjahr sowie die Zeit der Bettelflugperiode nach dem Ausfliegen der Jungen im Sommer. Hier kann man Greifvögel oft gut sehen und hören. Am besten ist es, wenn man sich einer kleinen Exkursions- oder Reisegruppe anschließt, die von einem Ortskenner an Plätze geführt wird, wo man die Aufzucht der Jungvögel beobachten kann, ohne zu stören. Inzwischen gibt es dazu sogar Besucherzentren mit fest installierten Fernrohren und Life-Übertragung auf große Bildschirme. Für Foto-

Um Turmfalken entdecken zu können, muss man sie an bevorzugten Plätzen suchen, hier ein Weidezaunpfahl.

grafen werden vielerorts spezielle Fotoverstecke angeboten, die in der Nähe von Nestern aufgebaut wurden, an denen sich die Vögel an die Nähe des Menschen gewöhnt haben. Sehr spektakuläre Fotos kann man aus solchen „Hides" z. B. auch von jagenden Fischadlern in Finnland oder Schottland an Forellenteichen machen. Ähnliche Fotoverstecke oder Beobachtungshütten gibt es z.B. in Spanien auch an Luderplätzen für Geier („Geierrestaurants"). Man findet ihre Lage inzwischen sehr leicht durch eine kurze Recherche im Internet.

- **Indirekte Anwesenheitszeichen:** Oft hinterlässt ein Individuum Zeichen seiner vorherigen Anwesenheit an einem Ort. Das können Kotspritzer an einer Stelle sein, Nahrungsreste, Rupfungen oder Gewölle (Speiballen unverdaulicher Nahrungsreste). Auch das wiederholte Ruhen auf exponierten Bäumen erzeugt Zeichen der Abnutzung an den Ästen, ist aber ohne Übung schwierig zu erkennen. Aufgeregte Warnrufe von anderen (Klein-)Vögeln weisen oft auf die Anwesenheit von Greifvögeln oder Falken in der Nähe hin.
- **Beobachtungen zur Zugzeit:** Außerdem kann man Greifvögel sehr gut während der Zugzeiten im Herbst und Frühjahr beobachten. Hierbei kann man den Tagzug weithin über Land und ganz besonders gut an Stellen mit Ansammlungen von Individuen sehen. Bei den Arten, die vorwiegend im Segel- und Gleitflug ziehen und dabei die Aufwinde der Thermik nutzen, ist dies an Berghängen und Meerengen der Fall. Bekannte Stationen sind z. B. das Randecker Maar (Baden-Württemberg, Südwestdeutschland) oder der Col d'Organbidexka in den spanischen Pyrenäen. In besonders eindrucksvoller Weise ist der Greifvogelzug in Südschweden bei Falsterbo, bei Gibraltar, am Bosporus und bei Batumi/Georgien am Ostufer des Schwarzen Meeres zu beobachten. Aber auch mitten in der Landschaft lässt sich unter günstigen Witterungsbedingungen der Tagzug eindrucksvoll beobachten.

Greifvögel und Falken im Internet

Als gute Ergänzung oder Alternative zu Beobachtungen im Freiland bietet sich an, im Internet über Webcams das Brutgeschäft und die Jungenaufzucht zu beobachten. Hier sind nur wenige Beispiele von sehr vielen guten Webcams genannt:

Rupfungen von Beutetieren sind indirekte Zeichen für die Anwesenheit von Greifvögeln.

- www.eschenbach-opf.de/freizeit-tourismus/adlerhorst (Fischadlernest in Bayern)
- www.oessm.org/blog/livecams/fischadler (Fischadlernest in Niedersachsen)
- www.ag-wanderfalken.de/webcam (Wanderfalkennest in Heidelberg)
- falcommunity.de/falkenkameras/falken-cam1 (Wanderfalkennest in Fellbach)

Im Internet erhält man nicht nur spannende Live-Einblicke in das Familienleben vieler Vögel, sondern kann auch ihre Wanderungen online nachverfolgen. Die weltweit größte Sammlung solcher Flugbewegungen von vielen Greifvögeln und Falken sowie anderer Tiere, die mit Satellitensendern versehen wurden, ist auf der Internetseite des Max-Planck-Instituts für Verhaltensbiologie Radolfzell zu finden:

- www.movebank.org/cms/movebank-main

Daneben gibt es eine Vielzahl anderer Internetseiten, die auf die Darstellung der Zugwege von Greifvögeln und Falken spezialisiert sind, z.B.:

- http://birdmap.5dvision.ee (Greifvögel aus Estland)
- http://www.roydennis.org/satellite/ (Greifvögel aus Schottland)
- https://www.luomus.fi/en/finnish-satellite-birds (Greifvögel aus Finnland)

Auch die Stimmen von Greifvögeln und Falken lassen sich im Internet sehr gut anhören. Am besten dazu geeignet ist die Seite

- www.xeno-canto.org/collection/area/europe

Informationen zum Artenteil

Im Folgenden werden alle 29 Greifvogelarten und alle 10 Falkenarten, die in Europa als Brutvögel vorkommen, ausführlich in Wort und Bild vorgestellt. Die Reihenfolge der Arten wurde aus der letzten Auflage dieses Buches übernommen. In jedem Artkapitel folgen nach dem deutschen und dem wissenschaftlichen Artnamen die Namen auf auf Englisch, Französisch und Spanisch.

Die **Nummern** neben dem wissenschaftlichen Namen sind der Zahlen-Code für die jeweilige Art in der KOSMOS-PLUS-App. Diese können Sie im App Store oder bei Google Play herunterladen. Unter der Nummer finden Sie erstklassige Aufnahmen von den Rufen der einzelnen Greifvogel- und Falken-Arten.

Die zu Beginn jeder Artbeschreibung angegebenen **Maße und Gewichte** beziehen sich auf ausgewachsene mitteleuropäische Vögel, sofern die betreffende Vogelart in Mitteleuropa als Brutvogel vorkommt, andernfalls auf europäische Vögel. Es werden jeweils durchschnittliche Werte oder Spannen angegeben und es bedeuten:

- **Länge:** Gesamtlänge des Vogels von der Schnabel- bis zur Schwanzspitze in ausgestreckter Rückenlage gemessen;
- **Spannweite:** der ausgestreckten Flügel von Flügelspitze zu Flügelspitze gemessen;
- **Gewicht:** Körpergewichte jeweils von Männchen und Weibchen, wenn bekannt.

In den **Verbreitungskarten** werden die jeweiligen Brutgebiete der Arten farblich dargestellt, nicht aber Durchzugs- oder Überwinterungsgebiete, sodass die Karten übersichtlicher sind. Da die Kenntnisse über die Brutverbreitung von Art zu Art in den Ländern Europas verschieden sind, wurden in manchen Fällen punktgenaue Lagen eingetragen und in anderen Fällen große Flächen markiert, die vermutlich nicht vollflächig besiedelt sind.

Im Text werden zunächst das **Vorkommen in Mitteleuropa** und geeignete Regionen zur **Beobachtung** dargestellt. Auch wenn die nähere Umgebung von Brutplätzen fast immer die besten Beobachtungsmöglichkeiten bietet, darf man sich ihnen nicht so sehr nähern, dass es zu Störungen der oft scheuen Vögel kommen könnte. Alle Brutplätze unterliegen einem gesetzlichen Schutz, der unbedingt einzuhalten ist. Es folgen die **Kennzeichen** und Unterscheidungsmerkmale in Flug, Verhalten und Gefiederfärbung, danach die Beschreibung der **Stimme**, wobei das piepsende Betteln von Jungvögeln im Nest nicht bei jeder Art aufgeführt wird. Bei der Skizzierung der **Verbreitung,** die hinsichtlich Europa auch in Verbreitungskarten dargestellt ist, werden Angaben nach BirdLife International (2015) gemacht, welchen Anteil das europäische Verbreitungsgebiet am weltweiten Vorkommen hat. Es folgen Angaben über den **Lebensraum,** die **Siedlungsdichte und Reviergröße** sowie die **Jagdweise und Nahrung.** Das Kapitel **Fortpflanzung** enthält Daten zu Geschlechtsreife und Paarbildung, Balz und Brutplatz, zum Legebeginn und zur Gelegegröße (mit Durchschnittsmaßen von Länge × Breite sowie Frischvollgewicht der Eier), zum Legeabstand und Brutbeginn, zur Brutdauer (Zeitraum der Bebrütung eines einzelnen Eies vom Bebrütungsbeginn bis zum Schlüpfen des Jungen) und zur Nestlingsdauer (Zeitraum vom Schlüpfen bis zum Ausfliegen) sowie zur Fortpflanzungsrate (Durchschnittszahl der flüggen Jungen pro begonnene Brut).

Angaben zu **Überlebensraten** und **Höchstalter** sowie über **Wanderungen** (Zug und Winterquartiere, Zeiträume des Wegzugs und der Heimkehr ins Brutgebiet) runden das Bild über die Biologie der einzelnen Arten ab. Abschließend folgt die Darstellung der **Bestandszahlen in Europa** (nach BirdLife International 2015) sowie der **Bestandsgefährdung**.

Jede beschriebene Art wird zudem noch mit verschiedenen **Fotos und Zeichnungen** vorgestellt. Am Ende des Buches wird zu jeder Art eine kleine Zahl ausgewählter **spezieller Literaturstellen** angegeben, um den besonders interessierten Leserinnen und Lesern weitergehende Informationen zu ermöglichen.

Wanderfalken bei der Paarung. Das Weibchen ruft dabei laut, das Männchen hält mit geöffneten Flügeln das Gleichgewicht und muss die Zehen mit den Krallen zusammenlegen, um das Weibchen nicht am Rücken zu verletzen.

Die Arten Europas

Fischadler

— Pandion haliaëtus 001

OSPREY – BALBUZARD PÊCHEUR – AGUILA PESCADORA
LÄNGE: ca. 60 cm
SPANNWEITE: ca. 160 cm
GEWICHT: ♂ ca. 1500 g, ♀ ca. 1800 g

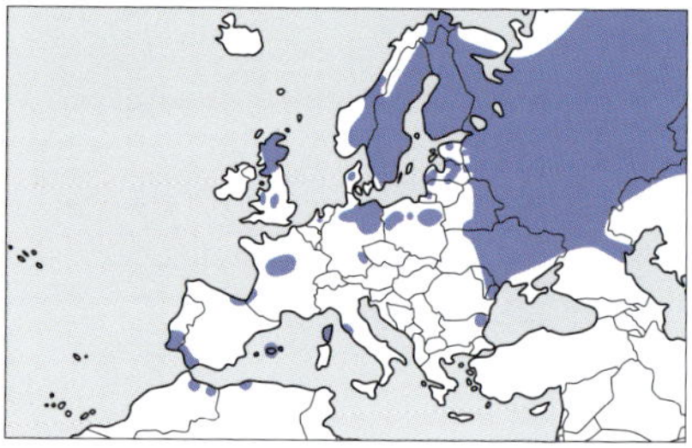

VORKOMMEN IN MITTELEUROPA Als Brutvogel hauptsächlich im nordöstlichen Deutschland und in Polen. Im Jahr 2018 brüteten in Deutschland über 730 Paare, davon fast die Hälfte in Brandenburg, gefolgt von Mecklenburg-Vorpommern, Sachsen, Sachsen-Anhalt, Niedersachsen, Bayern, Schleswig-Holstein und Thüringen. Für Polen wird der Brutbestand auf unter 50 Paare geschätzt. Im übrigen Mitteleuropa erscheint der Fischadler regelmäßig als Durchzügler im Frühjahr (Ende März bis Anfang Mai) und Spätsommer (Mitte August bis Anfang Oktober). An Fischteichen oder anderen Fischgewässern halten sich Fischadler dann – vor allem im Spätsommer – oft mehrere Wochen lang auf. Ebenda kann es vorkommen, dass Fischadler von April bis August übersommern; hierbei handelt es sich fast stets um noch nicht geschlechtsreife Tiere (im 2. oder 3. Lebensjahr).

BEOBACHTUNG Viele Fischadlerpaare brüten am Müritzsee in Mecklenburg-Vorpommern, südlich der Stadt Waren. Dort nisten sie auf Masten von Hochspannungsleitungen und man kann von dem kleinen Ort Federow aus mehrere Nester sehen. In der Brutzeit (April bis Juli) sind die Fischadler bei ihren Anflügen mit Beute dort sehr gut zu beobachten. Außerdem gibt es in Bayern einen

ad.

ad.

Fischadler-Männchen steht rüttelnd in der Luft, um nach einem Fisch im Wasser Ausschau zu halten.

Brutplatz am Großen Rußweiher bei Eschenbach/Oberpfalz, der von einem Beobachtungsstand auf wenige Hundert Meter Distanz sehr schön anzusehen ist – ohne zu stören. Auch am Steinhuder Meer in Niedersachsen lassen sich Fischadler von einem Radweg am Nest leicht beobachten, ohne die Vögel zu beeinträchtigen.

KENNZEICHEN Im Flug ist der Fischadler an den sehr langen und schmalen, meist etwas gewinkelten Flügeln und vor allem an der blendend weißen Unterseite des Körpers zu erkennen. Oberseits ist das Gefieder dunkelbraun. Der weiße Kopf mit dunklem Augenstreif zum Nacken hin ist im Flug auffallend vorgestreckt, im Ruhen stellt sich oft eine Federhaube am Hinterkopf auf. Der gebänderte Schwanz ist etwas kürzer als die Flügelbreite. Typisch ist auch das häufige Rütteln über Wasserflächen und das Stoßtauchen beim Fischfang. Weibchen und Jungvögel zeigen auf der weißen Unterseite meist ein deutliches dunkles Brustband. Außerdem sind bei Jungvögeln Scheitel und Nacken mehr oder weniger dunkel gestreift, während auf der Flügeloberseite die hellen Säume der Deckfedern auffallen.

STIMME Am Brutplatz hell klingende „jip-jip-jip"-Rufreihen und „kjück-kjück-kjück"-Laute.

VERBREITUNG Als Kosmopolit bewohnt der Fischadler in 4 Unterarten fast alle Erdteile mit

Nach einer Mahlzeit wird der Kot mit angehobenen Schwanzfedern in einem Spritzer („Schmelz") ausgeschieden.

Ausnahme der Antarktis, jedoch in äußerst unterschiedlicher Dichte. Er brütet in Nord- und Osteuropa sowie quer durch Asien bis zum Pazifik, in Indonesien und an den Küsten Australiens, an den Nordküsten Afrikas sowie in Nord- und Mittelamerika. Der europäische Anteil an der weltweiten Verbreitung wird auf 14 % geschätzt.

LEBENSRAUM Überwiegend von Wald umgebene, fischreiche, offene Seen und Teiche sowie ruhige Flussläufe im Binnenland, bewaldete oder felsige Regionen an Meeresküsten.

SIEDLUNGSDICHTE UND REVIERGRÖSSE In sehr günstigen Lebensräumen kann die Siedlungsdichte recht hoch sein. So brüteten noch vor Kurzem im Müritz-Nationalpark (Mecklenburg-Vorpommern) 20 Paare auf einer Fläche von 126 km^2), meist mit nur 250 m Distanz zum nächsten Nachbarn (entspricht den Abständen der Stromleitungsmasten als Horstunterlage). Territoriales Verhalten ist meist nur schwach entwickelt. Normalerweise liegt die Siedlungsdichte bei 2–3 Paaren pro 100 km^2. Telemetriestudien ergaben Jagdreviergrößen von 20–100 km^2 Fläche.

JAGDWEISE UND ERNÄHRUNG Der Fischadler erbeutet fast ausschließlich Fische (mit durchschnittlich etwa 300 g Gewicht). In seinem Körperbau ist er sehr gut an das Festhalten von glitschigen Fischen angepasst: Die Außenzehen der Fänge können nach hinten gewendet werden, sodass 2 Zehen nach vorn und 2 nach hinten stehen; die Zehensohlen weisen sehr raue Schuppen auf (siehe Foto auf; die spitzen Krallen der Fänge sind sehr lang und fast halbkreisförmig gebogen. Der Jagdflug über einem Gewässer wird immer wieder durch Rütteln unterbrochen. Sobald der Adler einen Fisch nahe der Wasseroberfläche erspäht hat, stürzt er sich mit angewinkelten Schwingen und vorgestreckten Fängen fast senkrecht in das aufspritzende Wasser, verschwindet oft völlig darin, um gleich darauf – wenn er Erfolg hatte – mit einem zappelnden Fisch in den Fängen wieder aufzufliegen, schüttelt sich, dass die Tropfen sprühen, und fliegt mit der Beute zu seinem Kröpfplatz bzw. zum Horst.

FORTPFLANZUNG Die Geschlechtsreife wird im Alter von 3–4 Jahren erreicht. Da die Partner

Fischadler hebt mit Beute (einer Brachse) vom Wasser ab.

eines Paares in jedem Frühjahr – wenn auch nicht gleichzeitig – an ihren vorjährigen Brutplatz zurückkehren, brüten sie meist immer wieder zusammen. Gleich nach der Ankunft (in Deutschland Ende März) beginnen die Balzflüge hoch am Himmel. Das Nest wird in Mittel- und Nordeuropa meist auf dem Wipfel eines alten Baumes (oft Kiefern-Überhälter) errichtet, im Mittelmeerraum und an den Küsten des Roten Meeres dagegen in der Regel auf Felsen, gelegentlich auf dem Erdboden. Infolge jahrelanger Benutzung kann das Nest ein mächtiger Bau werden. Künstliche Nestplattformen auf Bäumen wie auf Masten von Hochspannungsleitungen werden oft als Brutplätze angenommen. In Deutschland befinden sich ca. 75 % aller Nester auf Masten.

LEGEBEGINN Anfang April.

GELEGEGRÖSSE Meist 3, selten nur 2 oder 4 Eier (61 × 46 mm; 73 g), die auf weißem Grund prachtvoll dunkelrotbraun und aschgrau gefleckt sind.

LEGEABSTAND 2 Tage.

BRUTDAUER 38 Tage. Es brütet hauptsächlich das Weibchen, das vom Männchen mit Beute ver-

Fischadler-Weibchen am Nest, das fast immer ganz oben und frei stehend auf die Baumkrone aufgesetzt wird.

sorgt und für kurze Zeit beim Brüten abgelöst wird, solange das Weibchen die Beute verzehrt. Auch während der Jungenaufzucht bringt das Männchen die Nahrung für die ganze Familie, während das Weibchen die Jungen füttert und bewacht. Im Alter von 54–60 Tagen sind die Jungen flugfähig, kehren aber noch einige Wochen lang immer wieder auf den Horst zurück, der als Beuteübergabeplatz dient.

FORTPFLANZUNGSRATE Normal 1,8 flügge Junge pro Paar und Jahr.

ÜBERLEBENSRATEN Bei flüggen Jungvögeln etwa 60 % im 1. Lebensjahr, bei Altvögeln etwa 85 %.

HÖCHSTALTER Fast 27 Jahre in freier Natur, durch Beringung festgestellt.

WANDERUNGEN Der Fischadler ist ein ausgesprochener Zugvogel, der hauptsächlich in Westafrika (südlich der Sahara) überwintert, teilweise schon im Mittelmeerraum. Wegzug von August bis Oktober mit Gipfel Mitte September; Heimzug Mitte März bis Anfang Mai mit Gipfel in der 1. Aprilhälfte. Noch nicht geschlechtsreife Tiere kommen erst im Mai.

BESTANDSVERHÄLTNISSE IN EUROPA Der Gesamtbestand des Fischadlers in Europa wird derzeit auf mindestens 10 500 Paare geschätzt (8400–12 300 Paare). Die Hauptvorkommen finden sich in Nord- und Nordosteuropa mit über 5500 Paaren, ein weiterer Verbreitungsschwerpunkt in Osteuropa (hier vor allem europäisches Russland mit mehr als 3000 Paaren).

BESTANDSGEFÄHRDUNG Die IUCN führt die Art als „nicht gefährdet". In Europa hat der Fischadler zugenommen, mit Bestandsverdichtung in besiedelten Gebieten und weiterer Neuausbreitung (z. B. Niederlande seit 2018) sowie durch Wiederansiedlungsprojekte in England, Spanien, Portugal, Italien und in der Schweiz.

Die meisten Nester von Fischadlern in Deutschland befinden sich heute auf Stromleitungsmasten in der offenen Landschaft.

Gleitaar

— Elanus caeruleus 002

BLACK-SHOULDERED KITE – ELANION BLANC – ELANIO COMÚN
LÄNGE: ca. 33 cm
SPANNWEITE: 80–90 cm
GEWICHT: ca. 230 g

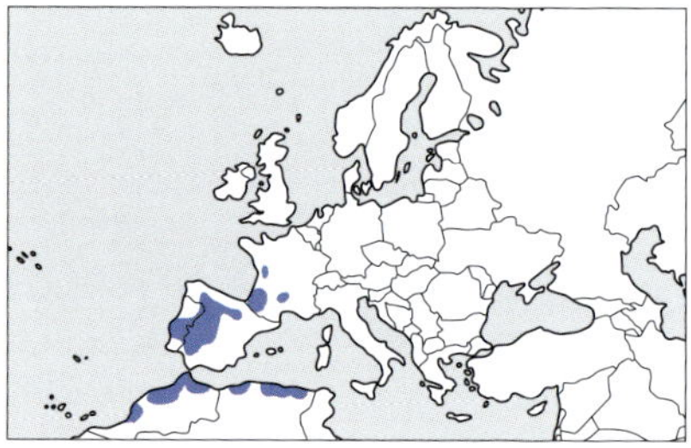

VORKOMMEN IN MITTELEUROPA Diese vorwiegend afrikanisch-asiatisch verbreitete Art ist in Mitteleuropa nur ein seltener Gast.
BEOBACHTUNG Der Gleitaar kommt innerhalb Europas in Portugal und Spanien sowie im südwestlichen Frankreich als Brutvogel vor. Dort kann man ihn in offenen, von einzelnen Bäumen oder kleinen Gehölzen durchsetzten Kulturlandschaften beobachten.
KENNZEICHEN Nur wenig größer als ein Turmfalke, jedoch mit auffallend kurzem Schwanz. Die langen, spitzen Flügel sind breiter als bei Falken. Beim segelnden Kreisen in der Thermik und beim niedrigen Suchflug über offenem Gelände werden die Flügel leicht schräg nach oben gehalten. Rüttelt häufig, aber langsamer als ein Turmfalke. Im Flug wirkt der Gleitaar von unten reinweiß, bis auf die schwarzen Flügelspitzen. Sitzt gern auf hohen Warten. Dabei fallen die schwarzen Oberflügel auf, die einen starken Kontrast zu dem weißlichen Kopf, zur hellgraublauen Oberseite und zur reinweißen Unterseite bilden. Die Iris der Augen ist orangerot. Jungvögel sind oberseits graubraun, unterseits weiß mit rostfarbener Tönung und schwacher brauner Streifung.
STIMME Bei Erregung ein heiseres „kri-äh".
VERBREITUNG Afrika, Südasien. Im Anschluss an die Vorkommen in Nordafrika (Algerien, Marokko) auch auf der Iberischen Halbinsel sowie im Südwesten Frankreichs. Der europäische Anteil an der weltweiten Verbreitung wird auf unter 10 % geschätzt.

Gleitaar auf Ansitzwarte, mit gestreckten Beinen kurz vor dem Abflug.

Gleitaar unterbricht die Fütterung seines fast flüggen Jungen im Nest und sichert in den Himmel.

LEBENSRAUM Savannen, Steppen und Halbwüsten, aber auch Kultursteppe mit lockerem Baumbestand.

SIEDLUNGSDICHTE UND REVIERGRÖSSE In günstigen Gebieten Afrikas lebt ein Paar auf etwa 2,5 km^2. Revierbesetzung wechselt in Abhängigkeit vom Nahrungsangebot, d. h. vom Kleinnagerbestand.

JAGDWEISE UND ERNÄHRUNG Die Jagd wird entweder im niedrigen Suchflug betrieben – oft auch noch in der Dämmerung – oder von erhöhten Ansitzwarten aus. Beute sind hauptsächlich Kleinsäuger, vor allem Mäuse, daneben Kleinvögel, Jungvögel aller Art und Eidechsen, gelegentlich auch Großinsekten.

FORTPFLANZUNG Geschlechtsreife vermutlich schon mit einem Jahr. Nest auf Bäumen, beide Partner bauen; meist jedes Jahr ein neues Nest.

LEGEBEGINN In Südwesteuropa Ende Februar/Anfang März.

GELEGEGRÖSSE 3–4 (2–6) Eier (39 × 31 mm; 21 g), die auf hellem Grund meist kräftig rotbraun gefleckt sind.

LEGEABSTAND 2–3 Tage.

BRUTBEGINN Mit dem 1. Ei; im Wesentlichen brütet das Weibchen.

BRUTDAUER 30–33 Tage.

NESTLINGSDAUER 30–35 Tage. Die flüggen Jungen werden noch einige Wochen vom Männchen betreut, während das Weibchen mit einem anderen Männchen eine 2. Brut beginnen kann, sofern es genug Nahrung gibt. Ein Weibchen kann bis zu 4 Gelege in einem Jahr hervorbringen.

ÜBERLEBENSRATEN unbekannt

HÖCHSTALTER unbekannt

WANDERUNGEN Stand- und Strichvogel.

BESTANDSVERHÄLTNISSE IN EUROPA Der Gesamtbestand des Gleitaars in Europa wird derzeit auf mindestens 1800 Paare geschätzt (1100–2600 Paare). Die größten Vorkommen finden sich in Spanien und Portugal, knapp 100 Paare leben in Südwestfrankreich.

BESTANDSGEFÄHRDUNG Von der IUCN wird die Art als „nicht gefährdet“ geführt. In Südwesteuropa hat der Bestand des Gleitaars zugenommen.

Kleinsäuger gehören zur Hauptbeute des Gleitaars.

Der Abflug wird mit voll aufgespreizten Flügeln beschleunigt.

Bartgeier

— *Gypaëtus barbatus* 003

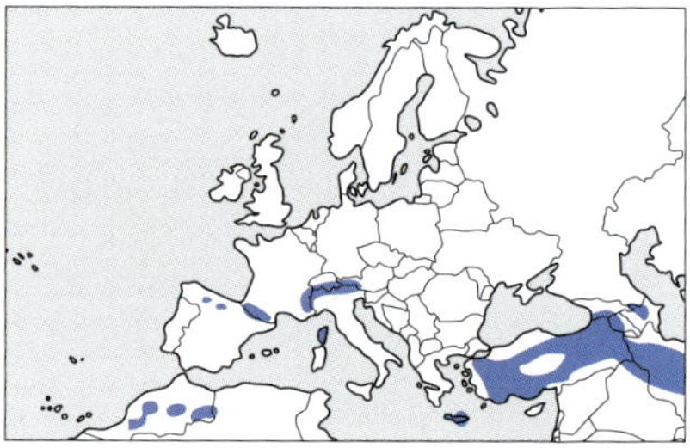

BEARDED VULTURE – GYPAÈTE BARBU – QUEBRANTHAHUESOS
LÄNGE: ca. 110 cm
SPANNWEITE: 250–290 cm
GEWICHT: 5000–6900 g

VORKOMMEN IN MITTELEUROPA In den Alpen gibt es seit 1986 ein Wiederansiedlungsprojekt, bei dem bis ins Jahr 2019 insgesamt 227 junge Bartgeier aus Gehegezuchten ausgewildert wurden. Freilassungsorte sind die Hohen Tauern (Österreich), Hochsavoyen (Frankreich), Engadin (Schweiz), Argentera und Mercantour (Italien/Frankreich) sowie weitere Orte in Österreich und Italien. 1997 schlüpfte in den Hochsavoyen der erste wilde Bartgeier und bis heute gab es an verschiedenen Orten insgesamt 271 Junge. 2019 lebten in den Alpen 220 Bartgeier, von denen 57 Paare auch Reviere besetzt hatten. Weitere Auswilderungen in den Ostalpen und in Bayern sind geplant.
BEOBACHTUNG Weil das Projekt zur Wiederansiedlung des Bartgeiers in den Alpen eines der besten derartigen Vorhaben und sehr erfolgreich ist, sind Beobachtungen inzwischen in allen Bereichen der Alpen möglich. Dichtezentren liegen um den Montblanc (Schweiz/Frankreich/Italien) und den Ortler (Schweiz/Italien), das Rauris-Tal (Österreich) gilt als ein sicherer Beobachtungsort. Neben den Alpen eignen sich auch die Pyrenäen, um Bartgeier gut beobachten zu können (z. B. Nationalpark Ordesa y Monte Perdido).
KENNZEICHEN Das Flugbild des Bartgeiers zeigt lange, spitze Flügel und ist besonders durch den langen, keilförmigen Schwanz gekennzeichnet. Die etwa ebenso großen Gänse- und Mönchs-

Dem schwarzen Federbüschel („Bart") am Unterschnabel hat der Bartgeier seinen Namen zu verdanken.

geier haben breitere Flügel und kürzere Schwänze. Der Schmutzgeier hat zwar ebenfalls einen keilförmigen Schwanz, er ist aber viel kleiner. Aus der Nähe betrachtet haben Altvögel einen hellen Kopf mit schwarzem Augenstreif, der sich bis zu einem „Bart" aus schwarzen Borstenfedern unter dem Schnabel fortsetzt. Die gelben Augen sind von einem leuchtend roten Hautring umgeben. Schnabel und Füße sind grau. Die Körperunterseite ist meist durch artspezifisches Einfärbeverhalten in eisenoxidhaltigen Suhlen rostrot gefärbt. Körperoberseite, Schwanz und Flügelunterseite sind schieferschwarz. Jungvögel sind einheitlich dunkel gefärbt.

STIMME Selten zu hören, z. B. bei der Paarung ein hoher trillernder Laut.

VERBREITUNG Von den Gebirgen in Marokko über Südeuropa und Kleinasien ostwärts bis zur Mongolei und nach China. Eine kleinere Unterart brütet in Ost- und Südafrika. Der europäische Anteil an der weltweiten Verbreitung wird auf 20 % geschätzt.

LEBENSRAUM Hochgebirge mit tiefen Tälern und Schluchten, meist über der Baumgrenze. Als Nahrungsgrundlage muss es dort gute Bestände von Gämsen, Steinböcken, Wildschafen oder Almvieh geben, von denen gelegentlich Tiere abstürzen oder auf andere Weise ums Leben kommen. Auch das Vorhandensein großer Beutegreifer (Steinadler, Wolf) scheint wichtig zu sein, weil der Bartgeier von diesen einen Teil der Beute übernehmen kann.

Im ausdauernden Segelflug werden Berghänge nach Nahrung abgesucht.

SIEDLUNGSDICHTE UND REVIERGRÖSSE In den Pyrenäen hat man ermittelt, dass ein Paar etwa 320 km^2 kontrolliert.

JAGDWEISE UND ERNÄHRUNG Im segelnden, gleitenden Suchflug fliegt der Bartgeier die Felshänge seines Reviers entlang, oft in regelmäßigem Turnus, sodass er fast täglich zur gleichen Zeit an derselben Stelle erscheint. Die Nahrung besteht in erster Linie aus tot gefundenen Tieren oder deren Resten. Wenn er Tiere entdeckt, die sich in den Felsen verstiegen haben, verletzt oder geschwächt sind, so versucht er, diese mit einem kräftigen Flügelschlag zum Absturz zu bringen. Frische Kadaver nimmt er lieber an als solche, die bereits in Verwesung übergegangen sind. Knochen bilden den überwiegenden Teil seiner Nahrung. Zu große Knochen trägt er in die Luft und lässt sie aus 50–80 m Höhe auf Felsen fallen, oft mehrmals nacheinander, bis sie zerbrechen und die Stücke verschlungen werden können. Daher kommt sein spanischer Name „Quebrantahuesos", der Knochenbrecher bedeutet.

FORTPFLANZUNG Die Geschlechtsreife wird im Alter von 6–8 Jahren erreicht. Paare leben in

Dauerehe, es kommen aber auch Trios vor. Die Balz beginnt schon Ende November mit eindrucksvollen Flugspielen. Das Nest wird in Felswänden gebaut, fast immer in Halbhöhlen, die gut geschützt sind.

LEGEBEGINN Januar/Februar.

GELEGEGRÖSSE 1–2 Eier (83 × 66 mm; 216 g), die heller oder dunkler rostbraun gefärbt sind.

LEGEABSTAND Bis zu 7 Tage.

BRUTDAUER 54 Tage. Stets wird nur 1 Junges großgezogen. Anfangs wird es ausschließlich mit Fleisch gefüttert, später auch mit Knochen.

NESTLINGSDAUER Etwa 118 Tage; Ausfliegen des Jungvogels also frühestens Mitte Juni.

ÜBERLEBENSRATEN Bei der Alpenpopulation sehr hoch mit knapp 90 % im 1. Jahr und deutlich über 90 % in den Folgejahren. In anderen Gebieten aber auch sehr gering bei Jungvögeln in den ersten 4 Jahren.

HÖCHSTALTER In der Natur vermutlich bis 30 Jahre, in Gefangenhaltung 40–50 Jahre.

WANDERUNGEN Stand- und Strichvogel.

BESTANDSVERHÄLTNISSE IN EUROPA Der Gesamtbestand des Bartgeiers in Europa wird

Bartgeier-Brutplatz in den Pyrenäen, mit Altvogel (rechts) und dem fast flüggen, gut getarnten Jungvogel (links).

derzeit auf rund 700 Paare geschätzt (580–790 Paare). Neben den Vorkommen im Alpenraum leben in den Pyrenäen gegenwärtig mindestens 200 Paare. In Spanien laufen in Andalusien und im Kantabrischen Gebirge Wiederansiedlungsaktionen.

Der Bestand im europäischen Russland wird auf 150–200 Paare geschätzt.

BESTANDSGEFÄHRDUNG Von der IUCN wird die Art als „potenziell gefährdet" geführt. Im Gesamtverbreitungsgebiet nimmt der Bartgeier weiter ab, in Europa aber zu.

Die hauptsächlichen Gefährdungsfaktoren sind Vergiftung und Abschuss, Kollisionen mit Stromleitungen und Kabeln, Verschlechterungen des Lebensraumes (Nutzungs- und Bewirtschaftungsveränderungen, Forstwirtschaft, Straßenbau) sowie Störungen am Brutplatz.

Bartgeier können auch größere Knochen komplett verschlucken und leicht verdauen.

Schmutzgeier

— Neophron percnopterus 004

EGYPTIAN VULTURE – VAUTOUR PERCNOPTÈRE – ALIMOCHE COMÚN
LÄNGE: ca. 65 cm
SPANNWEITE: ca. 160 cm
GEWICHT: 1800–2400 g

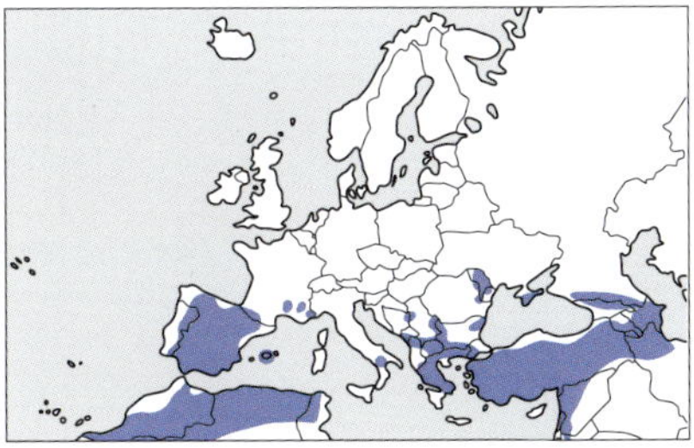

VORKOMMEN IN MITTELEUROPA Diese kleinste der 4 europäischen Geierarten kommt in Mitteleuropa nur ganz ausnahmsweise als sehr seltener Gast vor.
BEOBACHTUNG Weil der Schmutzgeier eine der sehr seltenen Greifvogelarten Europas ist, kann man ihn nur noch in wenigen Gebieten beobachten, nämlich in Spanien und Portugal sowie in Südfrankreich oder in den südlichen Balkanländern. Weil er ein Zugvogel ist, kann man ihn dort allerdings nur zwischen April und August antreffen.

KENNZEICHEN Ausgefärbte Altvögel sind auch im Flug leicht zu bestimmen: Kopf und Körper sowie Schwanz und Flügeldecken sind weiß, die Schwungfedern unterseits ganz schwarz, oberseits grau. Wichtige Merkmale im Flugbild sind außerdem die folgenden: Der Kopf mit dem langen, dünnen Schnabel ragt spitz hervor. Der Schwanz ist keilförmig und recht kurz, während die Flügel lang und ziemlich breit sind. Aus der Nähe fallen das nackte, gelbe Gesicht sowie das struppige Gefieder am Hinterkopf auf. Jungvögel sind insgesamt dunkel gefärbt, sind aber anhand der oben genannten Merkmale ebenfalls zu erkennen.
STIMME Selten zu hören; bei Erregung miauende, zischende oder grunzende Laute.

VERBREITUNG Mittelmeerraum und Schwarzmeergebiet, Nord- und Ostafrika sowie Südwestasien und Indien. Der europäische Anteil an der weltweiten Verbreitung wird auf rund 40 % geschätzt.
LEBENSRAUM Offene Landschaft, kahle Berghänge mit Felswänden und Flusstäler mit felsigen Ufern, häufig in der Nähe von menschlichen Siedlungen.
SIEDLUNGSDICHTE UND REVIERGRÖSSE Die Paare brüten in Südeuropa meist einzeln, mindestens 1,5 km von Nachbarn entfernt, wobei andernorts auch kolonieweises Brüten vorkommt. Das Nahrungsrevier eines Brutpaares umfasst normalerweise etwa 50 km^2, doch können sich die Flüge zu günstigen Nahrungsquellen (z. B. Müllplätzen) bis 40 km weit vom Brutplatz entfernt erstrecken.
JAGDWEISE UND ERNÄHRUNG Auf ausgedehnten Suchflügen nimmt der Schmutzgeier Abfälle aller Art, auch Kot, Reste von Kadavern und überfahrenen Tieren, daneben Kleintiere, Amphibien, Reptilien, Großinsekten und faulendes Obst. Er verzehrt auch Eier, nachdem er sie hochgehoben, auf den Boden geworfen und dadurch

Charakteristisch für den Schmutzgeier sind sein nacktes gelbes Gesicht sowie das oft struppig aufgestellte Kopfgefieder.

Mit voll ausgestreckten Flügeln gleitet der Schmutzgeier im Suchflug mühelos über weite Strecken dahin.

zerschlagen hat. In Ostafrika öffnet er Straußeneier, die er nicht hochheben kann, indem er sie mit Steinen bewirft.

FORTPFLANZUNG Geschlechtsreife mit 5 Jahren. Paare leben in Dauerehe und beziehen oft jahrelang den gleichen Brutplatz, meist eine Nische oder Höhle in einer Felswand. Darin häufen sie beim Nestbau Zweige an, daneben Wolle und Fellstücke sowie Nahrungsreste aller Art.

LEGEBEGINN Ende April/Anfang Mai.

GELEGEGRÖSSE In der Regel 2 Eier (66 × 50 mm; 89 g), die auf gelblich weißem Grund rostbraun gefleckt sind.

LEGEABSTAND 2–4 Tage.

BRUTDAUER 42 Tage. Beide Partner lösen sich beim Brüten ab, ebenso bei der Jungenaufzucht: Während der eine Partner den Nachwuchs betreut, schafft der andere Nahrung herbei.

NESTLINGSDAUER 70–90 Tage. Etwa bei der Hälfte aller erfolgreichen Bruten wird nur 1 Junges

Schmutzgeier-Paar am Brutplatz in einer großen Felsspalte. Das Nest aus Zweigen ist mit Fellresten weich ausgepolstert. Unter dem Vogel links der Panzer einer Schildkröte, die als Nahrung eingetragen wurde.

flügge. Nach dem Ausfliegen des bzw. der Jungen bleibt die Familie bis zum Beginn des Herbstzuges zusammen.

ÜBERLEBENSRATEN Bei Jungvögeln in den ersten 4 Jahren nur rund 19 % insgesamt, bei Altvögeln unbekannt.

HÖCHSTALTER 17 Jahre in freier Natur, durch Beringung festgestellt. 37 Jahre in Gefangenschaft.

WANDERUNGEN In Südeuropa überwiegend Zugvogel, der in Afrika südlich der Sahara überwintert; einzelne Vögel verbleiben im Winter im Mittelmeerraum. Bei Gibraltar und am Bosporus liegt das Maximum des Herbstzuges in der 1. Septemberhälfte. Im Frühjahr ziehen die Altvögel Ende Februar/Anfang März durch, die noch nicht geschlechtsreifen Vögel jedoch erst Ende April.

BESTANDSVERHÄLTNISSE IN EUROPA
Der Gesamtbestand des Schmutzgeiers in Europa wird derzeit auf rund 3900 Paare geschätzt (3000–4700 Paare). Das Hauptvorkommen liegt in Spanien, die Vorkommen im Balkanraum und Südosteuropa nehmen weiter ab. Der Bestand im europäischen Russland wird auf rund 100 Paare geschätzt. Der Rückgang in 3 Generationen beträgt knapp 70 %.

BESTANDSGEFÄHRDUNG Von der IUCN wird die Art als „stark gefährdet" geführt, ihr europäischer Bestand nimmt deutlich ab. Die Ursachen sind nicht eindeutig geklärt, aber ein offensichtlicher Faktor ist eine hohe unnatürliche Sterblichkeit bei adulten Schmutzgeiern. Gründe hierfür sind Vergiftungen und andere illegale Verfolgungen, Kollisionen mit Stromleitungen und Stromschlag an ungesicherten Stromleitungsmasten, Lebensraumverlust und abnehmende Nahrungsverfügbarkeit. Noch dazu sind die in Europa brütenden Schmutzgeier als Zugvögel solchen und weiteren Gefahren auch außerhalb ihrer Brutgebiete ausgesetzt.

Schmutzgeier sammeln sich am Aas. Die zwei dunkler gefärbten Vögel links sind immatur.

Wespenbussard

— *Pernis apivorus* 005

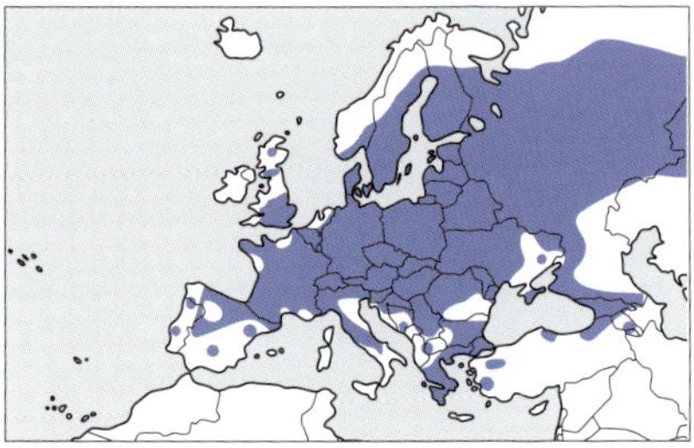

EUROPEAN HONEY-BUZZARD – BONDRÉE APIVORE – ABEJERO EUROPEO
LÄNGE: ca. 55 cm
SPANNWEITE: ca. 130 cm
GEWICHT: ♂ ca. 730 g, ♀ ca. 790 g

VORKOMMEN IN MITTELEUROPA Der Wespenbussard kommt in ganz Mitteleuropa – sofern Wald vorhanden ist – als Brutvogel vor, aber in der Regel viel spärlicher als der Mäusebussard. Allerdings soll der Wespenbussard z. B. in manchen Alpentälern häufiger sein als der Mäusebussard. Sicher spielt dabei eine Rolle, dass es dort an sonnigen Hängen reichlich Wespen gibt. Als ausgeprägter Zugvogel, der das Winterhalbjahr in Afrika verbringt, hält sich der Wespenbussard bei uns nur von Ende April/Anfang Mai bis Mitte September auf.

BEOBACHTUNG Am besten kann man Wespenbussarde auf dem Frühjahrsdurchzug beobachten, wenn die skandinavischen Vögel auf dem Heimweg aus dem afrikanischen Winterquartier zwischen Ende April und Ende Mai Deutschland in großer Zahl überqueren. Besonders gut ist dieser Durchzug von Wespenbussarden an den Küsten Ostholsteins, speziell auf der Insel Fehmarn, zu beobachten. Außerdem kann man hohe Zahlen innerhalb weniger Tage an den Meerengen in Südeuropa im September sehen.

KENNZEICHEN In der Größe und im Flugbild dem Mäusebussard sehr ähnlich, von dem er jedoch aufgrund folgender Merkmale – nach einiger

Unterseits dunkel gefärbtes Wespenbussard-Männchen. Als solches am aschgrauen Kopf erkennbar. Das leuchtend gelbe Auge und die schlitzförmige Nasenöffnung sind bestimmende Merkmale für Wespenbussarde.

Im Segelflug ist die typische Bänderung des Gefieders vom Wespenbussard-Männchen besonders gut erkennbar.

Das Männchen (rechts) hat eine Wabe für das Weibchen (links) mit ans Nest gebracht. Das Nest ist typisch mit frischem Laub belegt.

Übung – gut zu unterscheiden ist: Die Gestalt ist schlanker, die Flügel sind etwas schmaler, der kleinere Kopf ragt weiter vor und der Schwanz ist deutlich länger. Ein weiteres Kennzeichen besteht darin, dass der Schwanz außer der breiten dunklen Endbinde und einigen schmalen Querstreifen 2 weitere breite dunkle Binden hat. Auch die Rufe klingen völlig anders als beim Mäusebussard. Aus unmittelbarer Nähe gesehen sind die leuchtend gelbe Iris der Augen und das schlitzförmige Nasenloch sichere Erkennungsmerkmale.
Die Gefiederfärbung ist normalerweise oberseits braun, unterseits heller, variiert aber sehr stark von hell bis dunkel. Alte Männchen haben einen hellgrauen Kopf, wobei Weibchen meist einen dunkelbraunen, manchmal jedoch auch grauen Kopf haben. Die Körperunterseite ist bei Altvögeln quer gebändert, bei Jungvögeln längs gestreift, sofern sie nicht einfarbig dunkelbraun ist.

STIMME Selten zu hören sind laute, etwas wehmütig klingende, hohe „wijeh-" oder „biö"-Rufe, deutlich anders als die Rufe des Mäusebussards. Die Bettelrufe der Jungen klingen heiser und kläglich.

VERBREITUNG Abgesehen von den Britischen Inseln, wo es nur vereinzelte Brutvorkommen gibt, erstreckt sich das Verbreitungsgebiet von Westeuropa in einem breiten Gürtel bis nach Mittelsibirien. Die Nordgrenze der Verbreitung verläuft durch das südliche Norwegen sowie durch die nördlichen Gebiete Schwedens, Finnlands und Russlands, während die Südgrenze durch Südeuropa verläuft sowie entlang des weiter östlich verlaufenden Steppengürtels. Der europäische Anteil

Wespenbussard-Paar mit seinem Dunenjungen im Nest. Das Männchen (rechts) hat einen nackten Jungvogel als Futter gebracht.

an der weltweiten Verbreitung wird auf 82 % geschätzt.

LEBENSRAUM Bevorzugt stark strukturierte Landschaften; brütet im Wald, häufig in den Randbereichen, und sucht im Wald und auf angrenzenden offenen Flächen (Lichtungen und Wiesen) seine Nahrung; sowohl im Tiefland als auch im Gebirge (bis zur Waldgrenze).

SIEDLUNGSDICHTE UND REVIERGRÖSSE Bestand und Siedlungsdichte in einem bestimmten Gebiet können von Jahr zu Jahr erheblich schwanken, je nachdem, ob es viele oder wenig Wespen gibt. Dies hängt natürlich auch von den Witterungsverhältnissen im Juni/Juli ab. In guten Jahren brüten bis zu 11 Paare auf 100 km^2, während in schlechten Jahren deutlich weniger Paare anwesend sind, die teils nicht zur Brut schreiten, teils die Brut abbrechen, sodass dann im Untersuchungsgebiet keine einzige erfolgreiche Brut zu finden ist. Der Lebensraum eines Brutpaares kann eine Fläche von 4–36 km^2 einnehmen. Gegenüber Artgenossen zeigen die Paare extrem territoriales Verhalten, das sich bis in 1,5 km Entfernung vom Nest auswirken kann; dem entspricht eine Reviergröße von 7 km^2.

JAGDWEISE UND ERNÄHRUNG Der Wespenbussard ernährt sich hauptsächlich von Insekten, überwiegend von Wespen und deren Larven. Vom Ansitz aus oder im niedrigen Suchflug entdeckt er am Erdboden das Flugloch eines Wespennestes, das er dann mit den Füßen unter Zuhilfenahme des Schnabels ausgräbt, mitunter bis zu

40 cm tief. Dabei wird er von den Wespen wild umschwärmt, die ihn aber wegen seiner dichten und harten Befiederung – besonders zwischen Schnabelgrund und Augen – und wegen der Hornplättchen auf den Füßen nicht stechen können. Sobald das Wespennest freigelegt ist, reißt er die Waben heraus, um damit zum Horst zu fliegen oder den Inhalt selbst zu fressen. Er erbeutet auch andere größere Insekten wie Heuschrecken und Käfer, daneben Frösche und Jungvögel, vor allem dann, wenn es wenig Wespen gibt. Die Larven und Puppen aus den Wespenwaben bilden jedoch die Hauptnahrung bei der Jungenaufzucht. Im Spätsommer frisst er auch Früchte (z. B. Kirschen oder Pflaumen) und Beeren.

FORTPFLANZUNG Die Geschlechtsreife wird wahrscheinlich im Alter von 2–3 Jahren erreicht. Die Partner eines Paares sind infolge der Reviertreue oft über mehrere Jahre dieselben. Sofort nach der Ankunft beginnen sie mit der Balz und dem Nestbau. Das Männchen vollführt bei warmem Wetter – auch noch im Hochsommer – einen auffälligen „Schmetterlingsflug", wobei es die Flügel über dem Rücken zusammenschlägt. Das Nest wird auf Laub- oder Nadelbäumen gebaut, oft nicht weit vom Waldrand entfernt; es ist meist relativ klein und nicht sehr stabil, falls nicht ein bereits vorhandenes altes Nest als Unterlage benutzt wird. Typisch für den Wespenbussard ist, dass er sein Nest in wesentlich stärkerem Maße als andere Greifvogelarten mit frischen Zweigen belegt und die Mulde mit grünen Blättern auskleidet. Auch während der Jungenaufzucht „begrünt" er das Nest immer wieder neu, was sowohl der Hygiene als auch der Tarnung dienen mag.

LEGEBEGINN Ende Mai/Anfang Juni.

GELEGEGRÖSSE Selten nur 1 Ei, fast immer 2, ganz ausnahmsweise 3 Eier (50 × 41 mm; 49 g), die auf gelblich weißem Grund dicht kastanienbraun gefleckt sind, sodass von der Grundfarbe oft gar nichts mehr zu sehen ist.

LEGEABSTAND 3 Tage.

BRUTDAUER 34 Tage. Beide Partner brüten. Bei der Jungenaufzucht sorgt zunächst das Männchen allein für die Nahrungsbeschaffung, während das Weibchen die Jungen hudert und bewacht; später trägt auch das Weibchen Nahrung herbei. Im Alter ab 2 Wochen beginnen die Jungen damit, selbst Larven aus den Waben herauszuziehen, die auf dem Nest liegen. Im Gegensatz zu anderen Greifvogeljungen spritzen junge Wespenbussarde ihren Kot nicht über den Nestrand hinweg, sondern setzen ihn vor allem auf dem Rand ab.

NESTLINGSDAUER 40–44 Tage. Nach dem Ausfliegen werden die Jungen noch kurze Zeit von den Eltern versorgt, wobei das Nest weiterhin als Futterübergabeplatz dient.

FORTPFLANZUNGSRATE In schlechten Jahren 0–1, in guten Jahren durchschnittlich 1,6 flügge Junge pro Paar.

ÜBERLEBENSRATEN Im 1. Lebensjahr ca. 50 %, in späteren Lebensjahren ca. 85 %.

HÖCHSTALTER 29 Jahre in freier Natur, durch Beringung festgestellt.

WANDERUNGEN Der Wespenbussard ist ein ausgeprägter Zugvogel, dessen Winterquartiere im äquatorialen und südlichen Afrika liegen. Auf dem Zug dorthin und zurück ins Brutgebiet überquert er den Bereich des Mittelmeeres und des Schwarzen Meeres meist an den Meerengen im Westen und im Osten, was zu großen Ansammlungen bei Gibraltar, am Bosporus und bei Batumi/Georgien führt. Bei Batumi wurden im Herbst 2009 über 500 000 durchziehende Wespenbussarde beobachtet. Der Herbstzug ist zwischen Mitte August und Mitte September zu beobachten, der Frühjahrszug zwischen Ende April und Ende Mai.

BESTANDSVERHÄLTNISSE IN EUROPA Der Gesamtbestand des Wespenbussards in Europa wird derzeit auf rund 145 000 Paare geschätzt (118 000–171 000 Paare). Die Hauptvorkommen liegen in Osteuropa (europäisches Russland; Belarus und Ukraine), gefolgt von Mitteleuropa, Nord- und Nordosteuropa sowie Süd- und Westeuropa. Die Bestände in Frankreich, Schweden und Deutschland sind mit jeweils mindestens 5000 Brutpaaren besonders groß.

BESTANDSGEFÄHRDUNG Von der IUCN wird die Art als „nicht gefährdet" geführt. Gleichzeitig wird aber angenommen, dass der Bestand des Wespenbussards langfristig abnimmt. Die hauptsächlichen Gefährdungsfaktoren sind der illegale Abschuss auf dem Zug und Lebensraumveränderungen (Nutzungs- und Bewirtschaftungsveränderungen). Die starken jährlichen Schwankungen der Brutpaarzahlen und des Bruterfolgs sind offenbar nahrungs- und witterungsbedingt, weil es bei nassem und kühlem Wetter im Frühsommer wenig Wespen gibt, bei günstigem Wetter dagegen reichlich.

Schlangenadler

— *Circaëtus gallicus* 006

SHORT-TOED EAGLE – CIRCAÈTE JEAN-LE-BLANC – CULEBRERA EUROPEA
LÄNGE: ca. 65 cm
SPANNWEITE: ca. 180 cm
GEWICHT: ♂ ca. 1750 g, ♀ ca. 1860 g

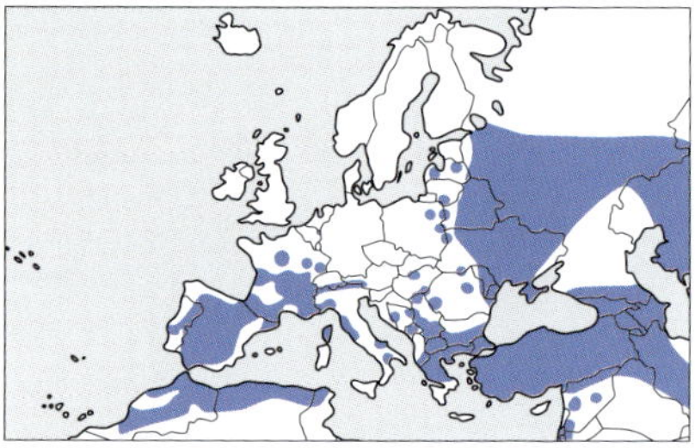

VORKOMMEN IN MITTELEUROPA Nachdem sein mitteleuropäisches Brutareal in den vergangenen 100 Jahren stark schrumpfte, kommt der Schlangenadler heute nur noch in Südostpolen und in Ungarn als sehr seltener Brutvogel vor. Ansonsten ist er in Mitteleuropa ein seltener und unregelmäßiger Sommergast, also kaum zu beobachten. Lediglich am Alpennordrand zieht er im Mai/Juni und im September/Oktober in sehr geringer Zahl regelmäßig durch.

BEOBACHTUNG Um Schlangenadler beobachten zu können, sollte man nach Südfrankreich oder Spanien fahren. Aber auch in Südosteuropa auf der Balkanhalbinsel sowie an günstigen Plätzen in Italien kann man den typischen Rüttelflug, den der Schlangenadler in seinen Jagdgebieten ausführt, sehr gut beobachten.

KENNZEICHEN Im Flug zeigt der Schlangenadler lange und breite Flügel, bei denen das Handgelenk oft deutlich vorsteht. Der dicke Kopf, Hals und Vorderbrust sind dunkel, während die Unterseite von Körper und Flügeln sehr hell wirkt, trotz der dort vorhandenen fahlbraunen Fleckenreihen. Auf der Oberseite kontrastieren die dunklen

ad.

ad.

Beim Erbeuten von Schlangen gehen Schlangenadler sehr geschickt und vorsichtig vor.

Schwungfedern mit den hellen Flügeldecken, Schulter- und Rückenfedern. Der Schwanz ist etwa so lang wie die Flügel breit sind und weist außer der dunklen Endbinde 2 oder 3 weitere dunkle Querbinden auf. Sehr kennzeichnend ist das häufige Rütteln im Jagdgebiet. Aus der Nähe fallen der große Kopf mit den gelben Augen und die unbefiederten Läufe auf.

STIMME Das Männchen lässt bei der Balz volltönende, zweiteilige „jiiijo"-Rufe hören, oft in langen Reihen, während das Weibchen weniger ruffreudig ist.

VERBREITUNG Von Nordwestafrika über Süd- und Osteuropa bis nach Südwestsibirien und über Vorderasien bis nach Indien verbreitet. Der europäische Anteil an der weltweiten Verbreitung wird auf 34 % geschätzt.

LEBENSRAUM Lichte Wälder und Waldränder mit angrenzenden offenen Flächen, z. B. Moor- und Heidegebiete oder trockene Berghänge, wo es reichlich Schlangen gibt.

SIEDLUNGSDICHTE UND REVIERGRÖSSE In Südfrankreich hat man besetzte Nester im Abstand von 2–10 km voneinander entfernt gefunden. Das Revier dürfte im Mittel etwa 40 km² umfassen. Die Jagdflüge können sich vom Nest bis 10 km weit erstrecken.

JAGDWEISE UND ERNÄHRUNG Als ausgezeichneter Segelflieger jagt der Schlangenadler im Brutgebiet meist im Schwebeflug oder – bei geringer Thermik – auch im Rüttelflug, wobei er oft die Fänge nach unten hängen lässt. Seine Nahrung besteht hauptsächlich aus Schlangen (vorwiegend Nattern, aber auch Ottern), die er gewandt und vorsichtig erbeutet, denn er ist nicht immun gegen Schlangengift. Daneben nimmt er auch Blindschleichen und Eidechsen. Ziemlich selten schlägt er Kleinsäuger oder junge Kleinvögel.

FORTPFLANZUNG Die Geschlechtsreife wird wahrscheinlich im Alter von 3–4 Jahren erreicht. Die Paare sind sehr reviertreu. Nach der Ankunft am Brutplatz (in Südfrankreich im März) sind aus-

Im Flugbild erkennt man die kontrastreich gefärbte Unterseite des Schlangenadlers besonders gut.

Schlangenadler-Männchen hat Nahrung zum Weibchen ans Nest gebracht.

geprägte Balzflüge („Girlandenflug") zu beobachten. Das Nest ist relativ klein und steht normalerweise in der Krone eines Baumes, gelegentlich aber auch auf einem Krüppelbaum in einer Felswand.

LEGEBEGINN April/Mai.

GELEGEGRÖSSE Nur 1 weißes Ei (74 × 58 mm; 150 g).

BRUTDAUER Auffallend lang, 45–47 Tage. Es brütet hauptsächlich das Weibchen, das vom Männchen gefüttert und beim Brüten nur für kurze Zeit abgelöst wird. Das Junge wird vorwiegend mit Schlangen und Eidechsen gefüttert, die ihm von den Eltern meist im Schnabel zugetragen werden.

NESTLINGSDAUER Ca. 70 Tage.

ÜBERLEBENSRATEN unbekannt

HÖCHSTALTER 17 Jahre in freier Natur, durch Beringung festgestellt.

WANDERUNGEN Meist Zugvogel, der sich während des nordischen Winters in der Sahelzone Afrikas aufhält. Wegzug Anfang August bis Ende Oktober. Konzentrationen des Durchzuges bei Gibraltar und am Bosporus mit Höhepunkt Mitte September bis Anfang Oktober. Der Heimzug findet von März bis Mai statt und hat bei Gibraltar seinen Höhepunkt in der 2. Märzhälfte.

BESTANDSVERHÄLTNISSE IN EUROPA Der Gesamtbestand des Schlangenadlers in Europa wird derzeit auf rund 19 000 Paare geschätzt (17 600–20 900 Paare). Die Hauptvorkommen liegen mit großem Abstand in Spanien und Frankreich, in weiteren Ländern Süd-, Südost- und Osteuropas kommt die Art mit jeweils bis maximal 1000 Paaren vor. In Mitteleuropa (Polen, Ungarn) und Nordosteuropa (in den baltischen Ländern Estland, Lettland und Litauen) nur wenige Paare.

BESTANDSGEFÄHRDUNG Von der IUCN wird die Art als „nicht gefährdet" geführt. Für einen Rückgang oder eine erhebliche Bedrohung liegen keine Anhaltspunkte vor, der Bestand gilt als stabil. Mögliche Einflüsse durch die Intensivierung der Forst- und Landwirtschaft, über das Nahrungsangebot und illegalen Abschuss sind aktuell wenig bekannt.

Mönchsgeier

— *Aegypius monachus* 007

CINEREOUS VULTURE – VAUTOUR MOINE – BUITRE NEGRO
LÄNGE: ca. 104 cm
SPANNWEITE: 265–295 cm
GEWICHT: 7000–12 500 g

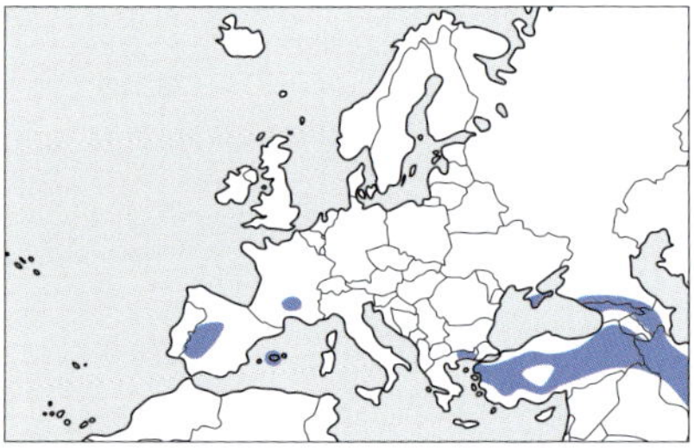

VORKOMMEN IN MITTELEUROPA Dieser größte und schwerste Greifvogel der Alten Welt – auch Kuttengeier genannt – erscheint in Mitteleuropa nur ganz ausnahmsweise als sehr seltener Gast.

BEOBACHTUNG Am besten kann man diese imposante Greifvogelart in Südwestspanien beobachten, z. B. im Nationalpark Monfragüe in der Extremadura, aber auch in den südfranzösischen Cevennen oder im Gebirge am Nordrand der Insel Mallorca.

KENNZEICHEN Das Flugbild dieses größten europäischen Greifvogels ist gekennzeichnet durch sehr lange und sehr breite Flügel, einen verhältnismäßig kleinen Kopf und einen sehr kurzen Schwanz sowie durch die fast einheitlich dunkle Färbung. Vorder- und Hinterkanten der Flügel verlaufen nahezu parallel, die Handschwingen sind tief eingekerbt. Beim Kreisen ist die waagerechte Flügelhaltung ein typisches Kennzeichen. Aus der Nähe fallen der helle Kopf, der mächtige Schnabel mit der bläulichen Wachshaut und vor allem die kuttenartige, dunkelbraune Halskrause auf (daher der Name Kutten- oder Mönchsgeier). Jungvögel haben einen schwarzbraunen Kopf und sind auch sonst dunkler gefärbt als Altvögel.

ad.

ad.

Mit leicht geöffneten Flügeln, gesenktem Kopf und ausholenden Schritten droht der Mönchsgeier seinen Nahrungskonkurrenten am Aas.

Mönchsgeier bei der Landung vor Gänsegeiern, die sich auf einer Viehweide am Aas gesammelt haben.

STIMME Selten zu hörende raue, gellende Rufe.
VERBREITUNG Von Südeuropa über Vorder- und Zentralasien bis nach China. Der europäische Anteil an der weltweiten Verbreitung wird auf unter 10 % geschätzt.
LEBENSRAUM Sowohl im Flachland als auch auf Hochebenen und im Gebirge, wo es große Vieh- und Wildbestände gibt, sodass ausreichend Kadaver als Nahrung anfallen. Als Brutplatz werden bewaldete Berghänge bevorzugt, an denen gute Thermik herrscht, die den An- und Abflug erleichtert.
SIEDLUNGSDICHTE UND REVIERGRÖSSE In Spanien in der Regel Koloniebrüter, mit Abständen von 100–400 m zwischen den Nestern. Längs eines Höhenzuges brüteten 36 Paare auf einer

Strecke von 3,7 km. Die Nahrungssuchflüge können 20 km weit reichen.

JAGDWEISE UND ERNÄHRUNG Die Nahrungssuche findet meist im niedrigen Gleitflug statt. Es werden tote Tiere aller Art angenommen. Mit seinem starken Schnabel vermag er sehr gut, auch angetrocknetes Fleisch von großen Knochen abzunagen. Gegenüber Artgenossen zeigt er am Kadaver einen charakteristischen „Einschüchterungstanz" mit ritualisiertem Erheben der Füße, Gefiedersträuben und Vorstrecken des gesenkten Kopfes. Selten erbeutet er auch lebende kleine Säugetiere, z. B. Kaninchen.

FORTPFLANZUNG Im Alter von 5–6 Jahren geschlechtsreif. Paare leben in Dauerehe. Die Balz beginnt im Januar. Das Nest ist ein mächtiger Bau

Im Vergleich zu seinen Eltern ist der ca. 14 Tage alte Jungvogel (links unten im Bild) noch sehr klein.

aus Zweigen und steht in Spanien meist auf Kiefern oder Eichen an Berghängen.

LEGEBEGINN Ende Februar.

GELEGEGRÖSSE Normalerweise nur 1 Ei, sehr selten 2 Eier (92 × 69 mm; 244 g), die auf weißem Grund rötlich gefleckt sind.

BRUTDAUER 50–55 Tage; beide Eltern wechseln sich beim Brüten ab. Der Jungvogel wird mit ausgewürgter, vorverdauter Nahrung gefüttert.

NESTLINGSDAUER Etwa 120 Tage. Auch nach dem Ausfliegen kehrt der Jungvogel noch längere Zeit zur Futterübernahme und zur Nachtruhe auf den Horst zurück.

ÜBERLEBENSRATEN unbekannt

HÖCHSTALTER 39 Jahre in Gefangenschaft.

WANDERUNGEN Stand- und Strichvogel. Die Altvögel verbleiben ganzjährig in der Nähe des Brutplatzes, während die Jungvögel umherstreifen, in Einzelfällen auch über größere Entfernung.

BESTANDSVERHÄLTNISSE IN EUROPA
Der Gesamtbestand des Mönchsgeiers in Europa wird derzeit auf rund 2400 Paare geschätzt (2300–2500 Paare). In Spanien leben mindestens 1500 Paare, hauptsächlich im Südwesten des Landes. Die Bestände in Frankreich, Portugal und Griechenland nehmen zu. Demgegenüber kommt diese Art im europäischen Teil Russlands, in der Ukraine, in Bulgarien und in Mazedonien in geringen Beständen oder Restbeständen vor.

BESTANDSGEFÄHRDUNG Von der IUCN wird die Art als „potenziell gefährdet" geführt. Im Gesamtverbreitungsgebiet nimmt der Mönchsgeier wohl ab, in Europa aber zu. Probleme bestehen in der Veränderung des Lebensraumes (z. B. das Fällen mediterraner Eichenwälder in Spanien) sowie Vergiftung und Abschuss. So gab es in Rumänien Anfang des vorigen Jahrhunderts noch über 100 Paare; 1964 fand dort die letzte Brut statt.

Gänsegeier

— Gyps fulvus 008

GRIFFON VULTURE – VAUTOUR FAUVE – BUITRE LEONADO
LÄNGE: ca. 100 cm
SPANNWEITE: ca. 270 cm
GEWICHT: 6200–8500 g

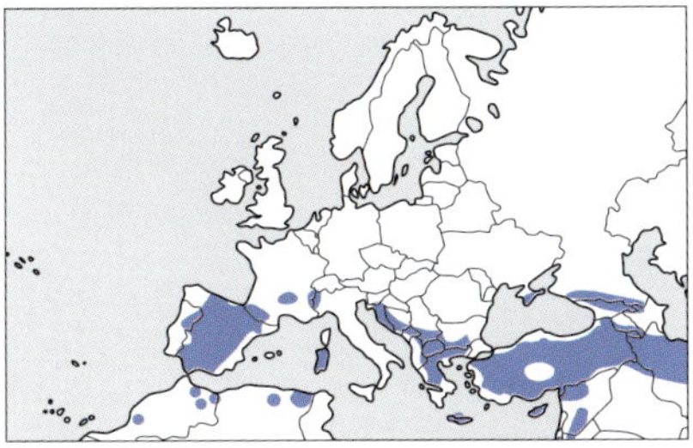

VORKOMMEN IN MITTELEUROPA Im 18. Jahrhundert lebten die letzten Gänsegeier als Brutvögel in Süddeutschland auf der Schwäbischen Alb, wo sie durch die verbreiteten Schafherden eine ausreichende Nahrungsgrundlage hatten. Seither gab es keine Brutvorkommen mehr in Mitteleuropa. Angesichts der regelmäßigen Einflüge von Gänsegeiern aus Spanien und Frankreich in den letzten Jahren könnte es wieder zu Brutansiedlungen kommen, z. B. in den bayerischen Alpen, sofern dort verendetes Vieh auf den Almen liegen bleiben würde, statt es mit hohem Aufwand zur Entsorgung ins Tal zu transportieren.
BEOBACHTUNG Abgesehen vom Hauptvorkommensgebiet Spanien, wo man sie fast überall sehen kann, gibt es zum einen im französischen Massiv Central (speziell in den „Grand Causses") und an den verschiedenen Fütterungsplätzen in den Alpen günstige Beobachtungspunkte.
KENNZEICHEN Deutlich größer als ein Steinadler. Das Flugbild des Gänsegeiers zeigt lange, sehr breite Flügel mit geschwungenem Hinterrand und tief eingeschnittenen Handschwingen sowie einen kurzen Schwanz. Ober- und Unterseite der Flügel sind gekennzeichnet durch den Kontrast zwischen den schwarzen Schwungfedern und den

ad.

ad.

Gänsegeier bringt Gras als Polsterung zum Nest.

hellen Flügeldecken. Demgegenüber hat der Mönchsgeier einheitlich dunkle Flügel. Beim Kreisen hält der Gänsegeier die Flügel leicht angehoben, der Mönchsgeier dagegen waagerecht. Aus der Nähe fallen der weißlich bedunte Kopf, der lange Hals und die weiße Halskrause auf. Bei Jungvögeln ist die Halskrause hell rostbraun.

STIMME Vor allem am gemeinsamen Schlafplatz und an Kadavern sind bei Streitigkeiten keckernde und kreischende Laute zu hören.

VERBREITUNG Von Südeuropa und Nordafrika ostwärts über Vorderasien bis zur Mongolei und nach Nordindien. Der europäische Anteil an der weltweiten Verbreitung wird auf ungefähr 10 % geschätzt.

LEBENSRAUM Da Gänsegeier Felsbrüter sind und als Segelflieger sehr von Aufwinden abhängig, bevorzugen sie Landschaften mit großen Reliefunterschieden, vor allem Trockengebiete mit Felswänden und Ebenen, in denen ein hohes Nahrungsangebot in Form von Kadavern gegeben ist.

SIEDLUNGSDICHTE UND REVIERGRÖSSE Der Gänsegeier ist stets sehr gesellig, hat Gemeinschaftsschlafplätze und brütet an günstigen Felswänden in Kolonien, die in Spanien mehr als 100 Brutpaare umfassen können. Auf den Kvarner Inseln an der Küste Kroatiens beträgt der Abstand zwischen 6 gleichzeitig bewohnten Nestern durchschnittlich 35 m. Von einer Brutkolonie aus erstrecken sich die Nahrungsflüge bis zu 60 km weit. Die große Geselligkeit und die fehlende Territorialität sind wichtige Anpassungen, um ein möglichst großes Nahrungsgebiet gemeinsam kontrollieren zu können.

JAGDWEISE UND ERNÄHRUNG Als Nahrung dienen ausschließlich tote Tiere, vor allem mittelgroße und große Säugetiere, auch wenn sie bereits in Verwesung übergegangen sind. Hat ein Geier einen Kadaver entdeckt und angeflogen, so kommen bald weitere Geier hinzu. Aber es können viele Stunden vergehen, bis der Kadaver angenommen wird. Bei Beginn der Mahlzeit baut sich in der versammelten Geierschar eine Sozialhierarchie auf, wobei die Dominanz einzelner Vögel offenbar durch den Hunger bzw. Fresstrieb bestimmt wird. Entsprechend intensiv sind die aggressiven und

Gänsegeier warten am Schlafplatz in der Morgensonne auf die Thermik.

Gänsegeier kreisen mit der Thermik in die Höhe.

drohenden Ausdrucksbewegungen und Lautäußerungen. Ein dominanter Geier schneidet den Kadaver an, indem er die Bauchdecke aufreißt und die Eingeweide herausholt. Gleichzeitig hält er die wartenden Artgenossen durch drohendes Imponierverhalten zurück. Erst nach und nach wagen sie sich heran, weil die Aggressivität bei satten Vögeln schwindet, bei hungrigen aber zunimmt. Es werden nur Eingeweide und Muskelfleisch gefressen, nicht dagegen Haut, Sehnen und Knochen. Ein toter Stier wurde von ungefähr 70 Geiern in 3,5 Stunden in ein Skelett verwandelt.

FORTPFLANZUNG Geschlechtsreife mit 4 – 5 Jahren. Paare leben in Dauerehe. Balz bereits ab Dezember. Meist Koloniebrüter in Felswänden. Das Nest wird in einer offenen Höhlung oder in einer Nische oder auf einem meist überdachten Felsband, selten auf einem Baum, aus dünnen Zweigen gebaut, die Nestmulde wird oft mit Grün ausgelegt.

LEGEBEGINN Januar/Februar.
GELEGEGRÖSSE 1 Ei (92 × 70 mm; 252 g), das meist einfarbig weiß ist, seltener kleine rostfarbene Flecken aufweist.
BRUTDAUER 48–54 Tage; beide Partner wechseln sich beim Brüten ab, ebenso bei der Fütterung des Jungen mit unverdautem Futterbrei aus dem Kropf.
NESTLINGSDAUER 110–120 Tage. Nach dem Ausfliegen ist der Jungvogel noch einige Wochen von den Eltern abhängig, bis er im September das Brutgebiet verlässt.
ÜBERLEBENSRATEN unbekannt
HÖCHSTALTER 17 Jahre in der freien Natur, festgestellt durch Beringung. In Gefangenhaltung 55 Jahre.
WANDERUNGEN Altvögel sind meist Standvögel, während Jungvögel und noch nicht geschlechtsreife Tiere weit umherstreifen, bis zu 3750 km, durch Satelliten-Telemetrie festgestellt.

Auch Gänsegeier können rasante Flugmanöver ausführen.

BESTANDSVERHÄLTNISSE IN EUROPA Der Gesamtbestand des Gänsegeiers in Europa wird derzeit auf rund 33 000 Paare geschätzt (32 400–34 400 Paare). Der größte Bestand lebt mit mehr als 20 000 Paaren in Spanien. In Frankreich fand eine sehr erfolgreiche Wiederansiedlung statt. Demgegenüber sind die Bestände auf der Balkanhalbinsel, in Portugal und in Italien relativ gering. Im südlichen Teil des europäischen Russlands wird der Bestand auf unter 500 Paare geschätzt.

BESTANDSGEFÄHRDUNG Von der IUCN wird die Art als „nicht gefährdet" geführt. In Europa nimmt die Population des Gänsegeiers zu. Neben vermuteten Rückgängen in Nordafrika und in der Türkei gibt es eine Zunahme wohl auch im restlichen Verbreitungsgebiet. Gefährdungsfaktoren sind Vergiftungen, Abschuss und andere illegale Verfolgung, Rotorschlag an Windenergieanlagen, Kollisionen mit Stromfreileitungen und Stromschlag an ungesicherten Leitungsmasten sowie ein zu geringes Nahrungsangebot.

Gänsegeier sammeln sich an einem gemeinschaftlichen Nahrungsplatz.

Schelladler

— *Clanga clanga* 009

GREATER SPOTTED EAGLE – AIGLE CRIARD – AGUILA MOTEADA
LÄNGE: ca. 70 cm
SPANNWEITE: ♂ 160–177 cm, ♀ 167–182 cm
GEWICHT: ♂ ca. 1700 g, ♀ ca. 2400 g

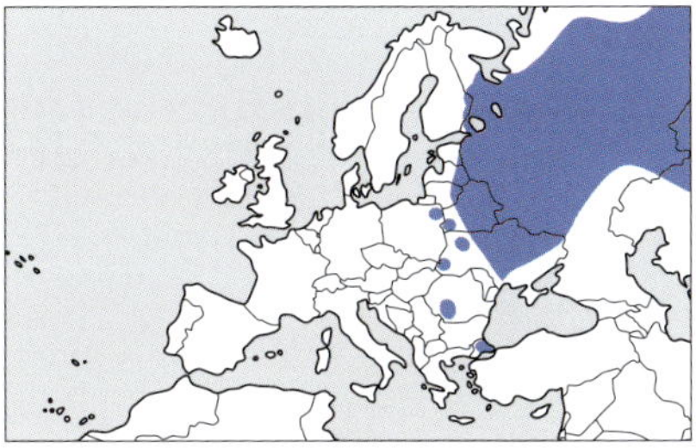

VORKOMMEN IN MITTELEUROPA Nur im nordöstlichen Polen als sehr seltener Brutvogel vorkommend.
BEOBACHTUNG Ganz selten sind Schelladler in Mitteleuropa auf dem Durchzug zu beobachten. Ansonsten muss man in ihr Brutgebiet in Osteuropa reisen, um sie zu sehen.
KENNZEICHEN Vom sehr ähnlichen Schreiadler oft nicht sicher zu unterscheiden, zumal Schelladler nur wenig größer sind. Außerdem gibt es Hybridisierung zwischen diesen beiden Arten. Altvögel erkennt man am ehesten an der sehr dunklen Färbung, die fast einheitlich dunkelbraun ist und auf Distanz beinahe schwarz wirkt. Schreiadler sind deutlich heller. Bei den ebenfalls dunkelbraunen Jungvögeln bilden die weißen Spitzen der Flügeldecken auf der Oberseite meist 2 oder 3 helle Bänder (bei jungen Schreiadlern dagegen nur **ein** helles Band).
STIMME Am Brutplatz helle, kläffende „kjäk-kjäk"-Rufe.
VERBREITUNG Von Osteuropa in einem breiten Gürtel quer durch Russland bis zum Stillen Ozean. Der europäische Anteil an der weltweiten Verbreitung wird auf 35 % geschätzt.
LEBENSRAUM Bevorzugt große Wälder im Tiefland, die von Teichen und Seen, Wiesen und Heideflächen durchsetzt sind. Das Vorhandensein

von Gewässern scheint ein wichtiger Faktor zu sein.

SIEDLUNGSDICHTE UND REVIERGRÖSSE Die Siedlungsdichte ist viel geringer als beim Schreiadler; über die Reviergröße ist wenig bekannt.

JAGDWEISE UND ERNÄHRUNG Meist wird die Ansitzjagd betrieben, daneben auch kreisender Suchflug und Jagd zu Fuß. Die Hauptnahrung bilden Kleinsäuger (z. B. Wasserratten, Wühlmäuse, Ziesel) und mittelgroße Vögel, vor allem Wasservögel, insbesondere noch nicht flugfähige Jungtiere. In geringem Umfang werden auch Reptilien und Amphibien erbeutet.

FORTPFLANZUNG Brutreife vermutlich mit 4 Jahren. Nach der Ankunft im Brutrevier zeigt das Paar auffällige Balzflüge, begleitet von häufigem Ru-

Beide Schelladler beobachten aufmerksam die Umgebung und sind mit gestreckten Beinen zum Abflug bereit.

Schelladler wirken im Flugbild einfarbig dunkelbraun.

fen. Baut sein Nest neu auf einem Baum, sofern nicht ein bereits vorhandenes Nest angenommen wird.

LEGEBEGINN Anfang Mai.

GELEGEGRÖSSE 1–3, meist 2 Eier (68 × 54 mm; 106 g), die auf weißem Grund nur blass gefleckt sind.

LEGEABSTAND 3–4 Tage. Weibchen brütet ab dem 1. Ei, sodass die Jungen ebenfalls im Abstand von 3–4 Tagen schlüpfen.

BRUTDAUER 42–44 Tage.

NESTLINGSDAUER 60–65 Tage. Im Unterschied zum Schreiadler kommen nicht selten 2 Junge zum Ausfliegen. Nach weiteren 25–30 Tagen sind die Jungen selbstständig.

ÜBERLEBENSRATEN unbekannt

HÖCHSTALTER 9 Jahre im Freiland, durch Beringung festgestellt.

WANDERUNGEN Zugvogel, aber nicht so ausgeprägt wie der Schreiadler. Einzelne Schelladler

Bei Schelladlern im Jugendkleid fallen die hellen Federspitzen auf der Oberseite auf.

überwintern im Westen der Türkei sowie in Südeuropa, die Mehrzahl jedoch in Nordostafrika und Vorderasien. Abzug aus dem Brutgebiet: September/Oktober; Rückkehr: Ende März bis Ende April.

BESTANDSVERHÄLTNISSE IN EUROPA Der Gesamtbestand des Schelladlers in Europa wird derzeit auf rund 900 Paare geschätzt (770–1000 Paare). Das Hauptvorkommen liegt im europäischen Russland, in Estland, Polen, Belarus und der Ukraine existieren weitere Brutvorkommen. Möglicherweise brütet der Schelladler noch in Litauen und Finnland.

BESTANDSGEFÄHRDUNG Von der IUCN wird die Art als „gefährdet" geführt. Der Schelladler-Bestand nimmt überall ab. Die hauptsächlichen Gefährdungsfaktoren sind Verlust und Verschlechterung des Lebensraumes in den Brut- und Überwinterungsgebieten sowie Störungen und Verfolgung. Hybridisierung mit dem viel häufigeren Schreiadler stellt ein Problem dar.

Schreiadler

— *Clanga pomarina* 010

LESSER SPOTTED EAGLE – AIGLE POMARIN – AGUILA POMARENA
LÄNGE: 61–66 cm
SPANNWEITE: ♂ ca. 145 cm, ♀ ca. 160 cm
GEWICHT: ♂ ca. 1200 g, ♀ ca. 1500 g

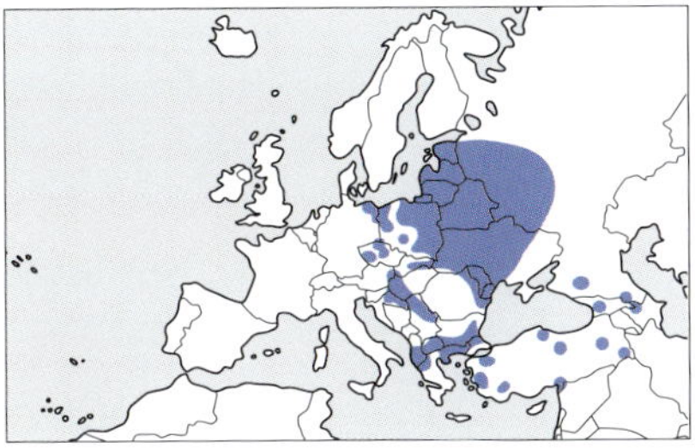

VORKOMMEN IN MITTELEUROPA In Deutschland kommt der Schreiadler nur im Nordosten und dort als sehr seltener Brutvogel vor. Der Bestand hat sich aktuell aber etwas stabilisiert. Im nördlichen und östlichen Polen sowie in der Slowakei brütet der Schreiadler relativ häufig, spärlicher auch in Ungarn. Wenige Paare brüten seit Kurzem auch im Westen Tschechiens. Im sonstigen Mitteleuropa ist er dagegen ein sehr seltener Gast, den man nur ausnahmsweise beobachten kann.
BEOBACHTUNG Wenn man viele Schreiadler sehen will, dann sollte man in der 2. Septemberhälfte an den Bosporus fahren. Dort ziehen europäische Schreiadler auf ihrer Wanderung in die afrikanischen Winterquartiere in großer Zahl durch. An derselben Stelle kann man Ende März den Heimzug beobachten.
KENNZEICHEN Obwohl deutlich kleiner als ein Steinadler und nur wenig größer als ein Mäusebussard, zeigt der Schreiadler beim Kreisen das typische Flugbild eines Adlers mit langen, parallelrandigen Flügeln und starker Fingerung der Handschwingen. Bei Altvögeln ist das Gefieder einheitlich erdbraun, doch sind die Flügeldecken heller als die dunkleren Schwungfedern. Beim sehr ähnlichen Schelladler ist es umgekehrt. Bei Jungvögeln bilden die gelblichen Spitzen der Flügeldecken ein helles Band auf der Ober- und Unterseite der Flü-

Schreiadler fixiert eine Beute von seiner Warte und ist zum Starten bereit.

gel, junge Schelladler haben dagegen oberseits meist 2–3 helle Flügelbinden. Aus der Nähe erkennt man bei jungen Schreiadlern einen charakteristischen hellen Nackenfleck. Das Alterskleid erreichen sie mit etwa 4 Jahren.

STIMME Der Schreiadler verdankt seinen Namen den sehr klangvollen, im Brutgebiet häufig zu hörenden „tjück"-Rufen, die meist mehrmals nacheinander ertönen. Im Balzflug lässt das Männchen oft einen lang gezogenen Pfiff hören.

VERBREITUNG Das Brutareal ist verhältnismäßig klein. Es reicht von Mecklenburg-Vorpommern und Brandenburg ostwärts durch Polen, Litauen, Lettland und Estland bis nach Belarus, südostwärts durch die Slowakei, Ungarn und die Balkanländer bis in die Türkei bzw. durch die Ukraine bis nach Georgien/Kaukasus. Der europäische Anteil an der weltweiten Verbreitung ist hoch und wird auf rund 70 % geschätzt.

LEBENSRAUM Laub- und Mischwälder, die von Feuchtgebieten (nasse Wiesen und Weiden, Moore und Teiche) durchsetzt bzw. umgeben sind; vorzugsweise in Niederungen, in Südosteuropa aber auch im Mittelgebirge und dort z. T. in völlig trockenen Gebieten.

SIEDLUNGSDICHTE UND REVIERGRÖSSE In günstigen Lebensräumen kann die Siedlungsdichte hoch sein, d. h. etwa 10 Paare auf 100 km^2. Die Reviere scheinen dort verhältnismäßig klein zu sein, denn benachbarte Paare brüten mitunter nur wenige Hundert Meter voneinander entfernt.

JAGDWEISE UND ERNÄHRUNG Häufig betreibt der recht langbeinige Schreiadler die Jagd zu Fuß, z. B. auf Frösche. Außerdem jagt er vom kreisenden, gelegentlich auch rüttelnden Suchflug sowie vom Ansitz aus. Die Nahrung ist sehr vielseitig und vom jeweiligen Angebot abhängig. Hauptbeutetiere sind Kleinsäuger bis zur Größe eines Junghasen, aber vor allem Wühlmäuse. Daneben werden Jungvögel und Amphibien sowie Reptilien und größere Insekten erbeutet. Letztere dürften vor allem im afrikanischen Winterquartier für den Schreiadler von Bedeutung sein.

FORTPFLANZUNG Geschlechtsreife wahrscheinlich im Alter von 4–5 Jahren. Die Paare sind sehr reviertreu und halten vermutlich lebenslang zusammen. Nach der Ankunft im Brutgebiet, die in der Regel in der 1. Aprilhälfte erfolgt, zeigen die Männchen bis weit in den Mai hinein sehr ausgeprägte Balzflüge. Das Nest wird auf Laub- oder Nadelbäumen gebaut, oft recht hoch und meist auf der Grundlage eines alten Nestes. Der Rand des Nestes wird immer wieder mit frischen grünen Zweigen belegt.

LEGEBEGINN Ende April/Anfang Mai.

Zwei Schreiadler im Streit um eine Beute.

Von seiner Beobachtungswarte auffliegender Schreiadler im Offenland-Lebensraum.

GELEGEGRÖSSE Fast stets 2 Eier (63 × 51 mm; 80 g), die auf weißem Grund braun und violett gefleckt sind.

LEGEABSTAND 3–4 Tage. Das Weibchen brütet vom 1. Ei an.

BRUTDAUER 38–41 Tage. Die Jungen schlüpfen im Abstand von 3–4 Tagen. Jedoch geht das zuletzt geschlüpfte Junge schon nach wenigen Tagen ein, weil es von seinem älteren Geschwister andauernd bekämpft und vom Futter abgedrängt wird. Dieses Verhalten wird als Kainismus (= „Brudermord") bezeichnet. Auf diese Weise ist gewährleistet, dass der überlebende Jungvogel optimal ernährt wird.

NESTLINGSDAUER 51–58 Tage. Nach weiteren 3–4 Wochen ist der Jungvogel selbstständig.

ÜBERLEBENSRATEN unbekannt

HÖCHSTALTER 26 Jahre in freier Natur, durch Beringung festgestellt.

WANDERUNGEN Zugvogel, dessen Überwinterungsgebiete in den ostafrikanischen Savannen südlich des Äquators liegen. Abzug aus den Brutgebieten zwischen Ende August und Mitte September. Starke Konzentration des Zuges am Bosporus (mit Höhepunkt Ende September), zum geringeren Teil auch am Ostufer des Schwarzen Meeres. Heimzug: Anfang März bis Mitte April (Durchzugsgipfel am Bosporus um die Monatswende März/April). Mithilfe der Satelliten-Telemetrie konnten mittlerweile zahlreiche Vögel auf ihren jährlichen Wanderungen ins Winterquartier und zurück ins Brutgebiet verfolgt werden.

BESTANDSVERHÄLTNISSE IN EUROPA Der Gesamtbestand des Schreiadlers in Europa wird derzeit auf rund 19 000 Paare geschätzt (16 400–22 100 Paare). Die Hauptvorkommen liegen im östlichen Mittel- und Osteuropa (Polen, Lettland, Litauen, Rumänien und Belarus), wo etwa zwei Drittel des europäischen Bestandes brüten.

BESTANDSGEFÄHRDUNG Von der IUCN wird die Art als „nicht gefährdet" geführt, die aktuellen Bestandsentwicklungen gelten als stabil. Gleichzeitig zeigt die jüngere Vergangenheit, dass der Schreiadler anfällig gegenüber Veränderungen und Intensivierung seines Lebensraumes (landwirtschaftliche Veränderungen, zunehmender Maisanbau, Trockenlegung von Feuchtwiesengebieten, Zersiedlung von Revieren) und menschlicher Verfolgung auf den Zugwegen ist.

Zwergadler

— *Hieraaëtus pennatus* 011

BOOTED EAGLE – AIGLE BOTTÉ – AGUILA CALZADA
LÄNGE: ca. 46 cm
SPANNWEITE: ca. 124 cm
GEWICHT: ♂ ca. 710 g, ♀ ca. 975 g

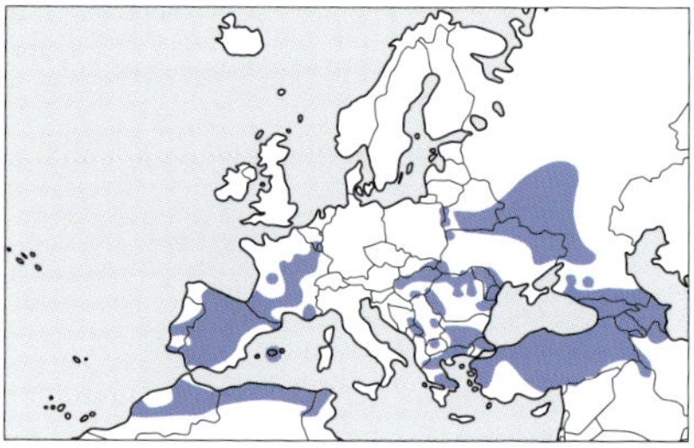

VORKOMMEN IN MITTELEUROPA Nur am östlichen Rand, in Ostpolen und Ungarn, kommt der Zwergadler als äußerst seltener Brutvogel vor. Aber auch mitten in Deutschland, im Waldgebiet „Hakel" östlich von Halberstadt, hat ausnahmsweise ein Paar 1994 und 1995 gebrütet.
BEOBACHTUNG Um Zwergadler beobachten zu können, fährt man am besten nach Frankreich oder Spanien, denn dort kommen sie häufiger vor. Im Winter ist auch Mallorca dafür ideal geeignet.
KENNZEICHEN Als kleinste Adlerart Europas ist der Zwergadler nur ungefähr so groß wie der Mäusebussard. Er hat jedoch schlankere Flügel und einen deutlich längeren Schwanz. Die bis zu den Zehen befiederten Läufe und die kräftigen Fänge weisen ihn als echten Adler aus. Beim kreisenden Segelflug zeigt er seine starke Fingerung der äußeren Handschwingen und ein sehr typisches helles Feld auf den 3 innersten Handschwingen. In der Gefiederfärbung gibt es eine helle und eine dunkle Morphe; die helle kommt in Europa viel häufiger vor als die dunkle. Die helle Morphe ist oberseits bräunlich, unterseits gelblich weiß; im Flugbild zeigt sie – von unten gesehen – einen starken Kontrast zwischen dem Schwarz der Schwingen und dem Weiß des Körpers und der Unterflü-

Zwergadler der hellen Morphe, im Flugbild am starken Kontrast der Hell-dunkel-Färbung unterseits deutlich erkennbar.

Zwergadler rupft auf einem Felsen einen Beutevogel.

geldecken. Die dunkle Morphe ist ober- und unterseits fast einheitlich dunkelbraun und kann daher mit dem Schwarzmilan verwechselt werden. Von vorn sind an der Basis des Vorderflügels reinweiße Flecken („Positionslichter") zu sehen.

STIMME Am Brutplatz sehr ruffreudig mit melodischen „jüg-jüg-jüg"-Rufreihen, die in einen Triller übergehen können.

VERBREITUNG Von Nordwestafrika, wo er in Marokko, Algerien und Tunesien noch relativ häufig sein soll, ist der Zwergadler über Südeuropa (ausgenommen Italien), Südosteuropa und die Türkei bis nach Zentralasien verbreitet. Außerdem gibt es ein isoliertes Brutvorkommen (mehr als 100 Paare) in der Kap-Provinz Südafrikas. Der europäische Anteil an der weltweiten Verbreitung wird auf 31 % geschätzt.

LEBENSRAUM Abwechslungsreiche Landschaften mit alten Waldbeständen, in denen er horsten kann, und mit angrenzenden offenen oder mit Gebüsch bestandenen Flächen, auf denen er jagen kann. Bevorzugter Brutplatz ist ein alter Laubwald an einem Berghang in einer warmen und trockenen Gegend.

SIEDLUNGSDICHTE UND REVIERGRÖSSE In einem Untersuchungsgebiet in Südspanien lebten 60 Paare auf 38 000 ha, sodass ein Revier ca. 630 ha umfasste. Die Nester waren dort aber durchschnittlich nur 1,06 km voneinander entfernt. Manche Paare hatten demnach 2–3 Nester, zwischen denen sie von Jahr zu Jahr wechselten. Im französischen Département Gers brüteten 3 Paare an einem bewaldeten Höhenzug auf einer Strecke von nur 1250 m.

JAGDWEISE UND ERNÄHRUNG Sehr wendiger und vielseitiger Jäger, der entweder aus großer Höhe mit angelegten Schwingen auf ein Beutetier herabstürzt oder aus niedrigem Suchflug zustößt. Er kann auch wie ein Habicht im flachen Flug Vögel über dem Erdboden schlagen. Seine Beutetiere sind kleine bis mittelgroße Vögel, Kleinsäuger und Reptilien, gelegentlich auch Insekten. In Spanien jagt er vor allem Kaninchen, große Eidechsen und Rothühner.

FORTPFLANZUNG Alter der Geschlechtsreife bisher unbekannt. Die Paare sind brutplatztreu und halten offenbar lebenslang zusammen. Nach der Ankunft im Brutrevier (Mitte April) zeigen sie ausgeprägte Balzflüge mit Herabstürzen und Aufsteilen, begleitet von häufigem Rufen. Zwergadlernester liegen meist auf Bäumen und oft werden alte Nester anderer Greifvögel besetzt, die ausgebaut und immer mit vielen begrünten Zweigen belegt werden.

LEGEBEGINN Ende April.

GELEGEGRÖSSE Meist 2 Eier, manchmal nur 1 oder auch 3 (54 × 44 mm; 58 g), die oft einfarbig weiß, mitunter blass rotbraun gefleckt sind.

Zwergadler unterbricht sein Mahl und ruft erregt mit halb geöffnetem Schnabel.

Zwergadler-Paar am Nest. Links ein Vogel der dunklen Morphe.

LEGEABSTAND 2–4 Tage.
BRUTDAUER 36–40 Tage; es brütet fast ausschließlich das Weibchen.
NESTLINGSDAUER 50 Tage. Nach dem Ausfliegen sind die Jungen noch einige Wochen von den Eltern abhängig, brechen jedoch schon etwa 2 Wochen vor diesen ins Winterquartier auf.
ÜBERLEBENSRATEN unbekannt
HÖCHSTALTER 22 Jahre in freier Natur, durch Beringung festgestellt.
WANDERUNGEN Europäische Zwergadler überwintern meist in Afrika südlich der Sahara, vor allem in Savannen und Waldsteppen. Bei Gibraltar und am Schwarzen Meer sind große Zahlen von Durchzüglern zu beobachten, wobei der Wegzug Mitte September seinen Höhepunkt erreicht, der Heimzug Ende März/Anfang April.

BESTANDSVERHÄLTNISSE IN EUROPA
Der Gesamtbestand des Zwergadlers in Europa wird derzeit auf rund 26 000 Paare geschätzt (23 100–29 100 Paare). Die Hauptvorkommen liegen in Spanien und im europäischen Russland, weitere bedeutende Bestände leben in Frankreich, Portugal und der Ukraine. Er kommt in den meisten Ländern Süd-, Südost- und Osteuropas, aber mit unterschiedlich großen Brutbeständen vor.
BESTANDSGEFÄHRDUNG Von der IUCN wird die Art als „nicht gefährdet" geführt. Insgesamt gilt die Bestandsentwicklung als weitgehend unbekannt, in Europa hat der Zwergadler zugenommen. Lokal negative Einflüsse bestehen in der Waldzerstörung (Veränderungen von Brutplätzen) und Störungen am Brutplatz, menschlicher Verfolgung und Rückgängen von Beutetierpopulationen.

Steinadler

— *Aquila chrysaëtos* 012

GOLDEN EAGLE – AIGLE ROYAL – AGUILA REAL
LÄNGE: 79–95 cm
SPANNWEITE: ♂ 190–210 cm, ♀ 215–230 cm
GEWICHT: ♂ 3800 g, ♀ 5200 g

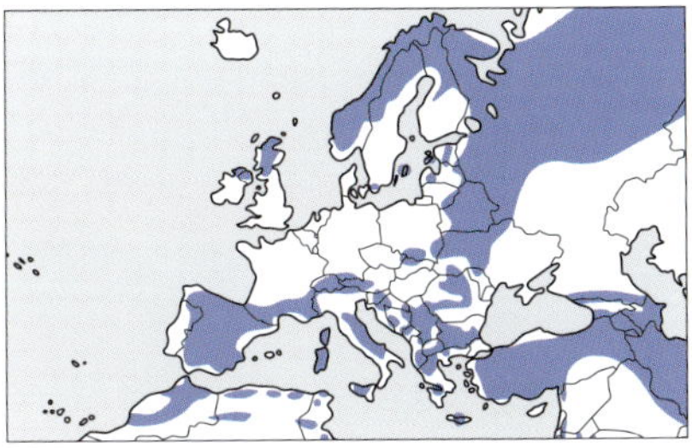

VORKOMMEN IN MITTELEUROPA Im Wesentlichen auf die Alpen beschränkt. Nach einem Tiefstand zu Beginn des vorigen Jahrhunderts hat sich der Bestand dank intensiver Schutzmaßnahmen in den letzten Jahrzehnten erholt und ist heute stabil. Allein im Bereich des mitteleuropäischen Alpenanteils (Schweiz, Bayern, Österreich) leben gegenwärtig mehr als 1000 Brutpaare. Hinzu kommt eine entsprechend große Zahl von Einzelvögeln (unverpaarte bzw. noch nicht geschlechtsreife Adler), die oft weit umherstreichen. Auch im östlichen Mitteleuropa nimmt der Bestand zu. In Norddeutschland erscheinen im Winterhalbjahr – mittlerweile wohl alljährlich – einzelne Steinadler als Gäste.

BEOBACHTUNG In Mitteleuropa sind Steinadler-Beobachtungen am ehesten und sichersten in den Alpen möglich. In der Nähe von Brutplätzen kann man schon im zeitigen Frühjahr eindrucksvolle Flugspiele und den charakteristischen „Girlandenflug" (Abstürzen und Wiederaufsteilen) beobachten.

KENNZEICHEN Mit rund 2 m Spannweite viel größer als ein Mäusebussard, dem er im Flugbild von fern gesehen etwas ähnelt. Das Flugbild des Steinadlers ist jedoch anders proportioniert: Seine breiten Flügel wirken durch ihre größere Länge schmaler als beim Mäusebussard und auch der Schwanz ist vergleichsweise länger. Beim Kreisen fällt die starke Fingerung der Handschwingen auf. Ein Erkennungsmerkmal beim Kreisflug besteht auch darin, dass die Flügel leicht angehoben gehalten werden, während sie von anderen Adlern waagerecht ausgestreckt werden.

Die Gefiederfärbung ist bei Altvögeln fast einheitlich dunkelbraun, nur Scheitel und Nacken sind goldgelb. Darauf beziehen sich der wissenschaftliche Artname, der „Goldadler" bedeutet, und der englische Name „Golden Eagle".

Jungvögel erkennt man im Flug daran, dass sie auf den Flügeln ober- und unterseits ein großes, wei-

Von seiner Warte kann ein Steinadler stundenlang die Umgebung beobachten.

ßes Feld an der Basis der inneren Handschwingen haben und einen weißen Schwanz mit breiter dunkler Endbinde. Mit zunehmendem Alter, d. h. im Verlauf von mehreren Mausern, verschwindet das Weiß allmählich; erst mit 5–6 Jahren sind die Vögel ausgefärbt und tragen das Alterskleid.

STIMME Selten zu hören: ein bussardähnliches, aber raueres „hiäh", melodische „glük-glük-glük"-Laute und kläffende „giak"-Rufe, die sich bei der Balz und am Nest zu einem lauten „kai-kai-kai-keiak-keiak" steigern. Die Bettelrufe der Jungen sind laute „ihjäb"-Reihen.

VERBREITUNG Der Steinadler ist in 6 verschiedenen Unterarten über große Teile Eurasiens und Nordamerikas verbreitet, kommt jedoch heute in vielen Bereichen nur noch in Rückzugsgebieten (z. B. Gebirgen) als Brutvogel vor.

Steinadler als Jungvogel unterseits an den großen weißen Feldern an der Schwanzbasis und in den Flügeln erkennbar.

Steinadler-Weibchen behütet sein halbwüchsiges Junges im Nest, das in einer großen Kiefer errichtet wurde.

Der europäische Anteil an der weltweiten Verbreitung wird auf 16 % geschätzt.

LEBENSRAUM In den meisten Teilen Europas lebt der Steinadler gegenwärtig in Gebirgen. Dort nistet er an steilen Felswänden oder gelegentlich auf Bäumen und jagt auf den freien Flächen, die meist oberhalb der Baumgrenze und oberhalb des Neststandortes liegen, sodass er die Beute leichter zum Nest herabtragen kann. In Schweden und Finnland sowie im europäischen Teil von Russland bewohnt er abgelegene große Waldgebiete, brütet auf alten Bäumen und jagt auf offenen Flächen (z. B. Mooren).

SIEDLUNGSDICHTE UND REVIERGRÖSSE In den Schweizer Alpen wurden neuerdings in einem besonders günstigen Gebiet auf 5565 km^2 insgesamt 51 Paare festgestellt; damit entfallen durchschnittlich 109 km^2 auf ein Paar. Jedoch bejagt ein Paar während der Brut- und Aufzuchtperiode nur 22–48 km^2, im Winter sogar noch kleinere Flächen, die dann vor allem an Südhängen in der subalpinen Höhenstufe liegen. Im schottischen Hochland umfasst der Lebensraum eines Paares 44–73 km^2, wovon zur Brutzeit ebenfalls nur etwa 20 km^2 bejagt werden.

JAGDWEISE UND ERNÄHRUNG Der Steinadler jagt entweder vom Ansitz aus oder im niedrigen Suchflug, wobei er den Überraschungseffekt nutzt. Nicht jeder Jagdflug führt zum Erfolg. Die Ernährung ist generell sehr vielseitig und hängt vom lokalen und jahreszeitlichen Angebot ab. In den Alpen sind Murmeltiere die Hauptbeute in den Sommermonaten; daneben werden Gams- und Rehkitze, Schneehasen und Raufußhühner erbeutet. Im Spätwinter bildet vor allem Fallwild (Lawinenopfer) als Aas die Hauptnahrung. Auf der Iberischen Halbinsel sind Kaninchen und Rothühner die Hauptbeutetiere, in Finnland Raufußhühner und Schneehasen. Auf der Balkanhalbinsel erbeutet der Steinadler im Sommer häufig auch Landschildkröten. Diese trägt er in die Höhe, um sie aus dem Flug auf einen Felshang fallen zu lassen, damit der Panzer zerbricht.

FORTPFLANZUNG Die Brutreife wird mit etwa 5 Jahren erreicht. Die Partner eines Paares bleiben zeitlebens zusammen und halten sich das ganze Jahr über in ihrem Revier auf. Bereits im Januar beginnt die Balz mit eindrucksvollen Flugspielen und dem charakteristischen „Girlandenflug" (Abstürzen und Wiederaufsteilen). Das Nest wird in Gebirgen an Felswänden erbaut, meist in einer Nische unter einem schützenden Überhang, und kann infolge jahrelanger Nutzung beträchtliche Maße erreichen, bis zu 3 m im Durchmesser und 2 m Höhe. In den großen Waldgebieten Nordosteuropas nistet der Steinadler auf alten Bäumen; aber auch in den Alpen findet man mitunter Baumnester. Meist besitzt ein Paar mehrere Nester, zwischen denen es wechselt.

LEGEBEGINN Im März.

GELEGEGRÖSSE Selten nur 1 Ei, meist 2, ausnahmsweise 3 Eier (77 × 59 mm; 152 g), die auf weißlichem Grund mehr oder weniger stark rotbraun und violettgrau gefleckt sind.

LEGEABSTAND 3–5 Tage.

BRUTDAUER 43–45 Tage; es brütet hauptsächlich das Weibchen, das zwischendurch vom Männchen abgelöst wird. Da die Bebrütung schon bei Ablage des 1. Eies einsetzt, schlüpfen die Jungen in mehrtägigem Abstand. Das kleinere Junge geht häufig zugrunde, weil es von seinem älteren und stärkeren Geschwister bei den Fütterungen abgedrängt wird. Nur bei einem Viertel aller erfolgreichen Bruten kommen 2 Junge zum Ausfliegen. Im Alter von 75–80 Tagen sind die Jungadler flugfähig und verlassen ungefähr Ende Juli das Nest. Sie bleiben aber noch bis Oktober, z. T. sogar bis Januar oder Februar im elterlichen Revier.

FORTPFLANZUNGSRATE Die Häufigkeit erfolgreicher Bruten wird stark von den sich in der Gegend herumtreibenden Einzeladlern beeinflusst. Wenn im Frühjahr solche Einzeladler immer wieder in Brutreviere eindringen und von den Revierinhabern vertrieben werden, dann sind dort erfolgreiche Bruten viel seltener als bei ungestörten Brutpaaren, die nur wenig territoriale Aktivitäten entwickeln müssen. Die Nachwuchsrate bei stabilen Populationen beträgt im Durchschnitt nur 0,5 flügge Junge pro Paar und Jahr, ist aber für die Bestandserhaltung ausreichend.

ÜBERLEBENSRATEN Bei Jungvögeln in den ersten 4–5 Jahren bis zur Brutreife nur etwa 20 %, bei Altvögeln dagegen jährlich etwa 95 %.

HÖCHSTALTER 35 Jahre in freier Natur, 57 Jahre in Gefangenhaltung.

WANDERUNGEN Altvögel sind in der Regel Standvögel, während Jungadler oft weit umherstreichen und vor allem im Winter auch außerhalb der aktuellen Brutgebiete erscheinen.

Steinadler bremst im Flug und streckt die Fänge vor, um gleich zu landen.

Zwei Steinadler auf einem Elchkadaver im Streit um den besten Platz zum Fressen.

BESTANDSVERHÄLTNISSE IN EUROPA Der Gesamtbestand des Steinadlers in Europa wird derzeit auf rund 10 800 Paare geschätzt (9300–12 300 Paare). Die Hauptvorkommen liegen im europäischen Russland, gefolgt von Spanien, Norwegen und Schweden. Er kommt auch in den meisten Ländern Süd-, Südost- und Osteuropas, aber mit unterschiedlich großen Brutbeständen vor.

BESTANDSGEFÄHRDUNG Von der IUCN wird die Art als „nicht gefährdet" geführt. Für den weltweit kleinen Bestandsanteil Europas wird als

Entwicklungstendenz Zunahme angenommen, weltweit gelten die Bestände als stabil. Lokale Einflüsse bestehen in Störungen an den Brutplätzen, nachteiligen Veränderungen des Lebensraumes und Verringerung des Nahrungsangebotes. In Schottland werden Steinadler auch heute noch illegal durch Abschuss und Vergiftung oft verfolgt, um sie aus den Gebieten zu entfernen, in denen kommerzielle Jagd auf Moorschneehühner betrieben wird. Dadurch soll unliebsame Konkurrenz minimiert und den Jagdgästen ein besserer Jagderfolg geboten werden.

Habichtsadler

— Aquila fasciata 013

BONELLI'S EAGLE – AIGLE DE BONELLI – AGUILA PERDICERA
LÄNGE: 65–72 cm
SPANNWEITE: ♂ 150–160 cm, ♀ 165–180 cm
GEWICHT: ♂ ca. 1700 g, ♀ ca. 2000 g

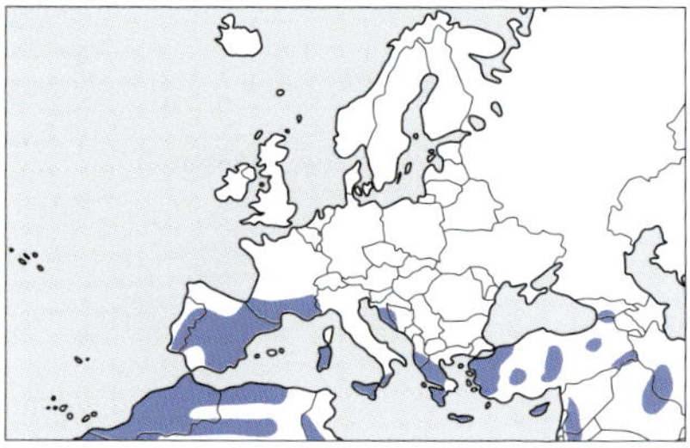

VORKOMMEN IN MITTELEUROPA Aus ihren südeuropäischen Brutgebieten verstreichen einzelne Habichtsadler nur ausnahmsweise bis nach Mitteleuropa; sie sind hier äußerst seltene Gäste.
BEOBACHTUNG Habichtsadler sind in ihren strukturreichen Lebensräumen und beim regungslosen Ansitz oft schwer zu entdecken. Hierfür muss man geduldig Felsen und Bäume absuchen. Im Hauptvorkommen in Spanien gelingen solche Beobachtungen am leichtesten.
KENNZEICHEN Im Flugbild ähnlich dem Wespenbussard, aber deutlich größer und mit stärker gefingerten Handschwingen. Bei Altvögeln zieht sich quer über die Flügelunterseite ein breites dunkles Band, das mit dem hellen Körper kontrastiert. Auf der dunkelbraunen Oberseite ist ein helles Feld auf dem Rücken sehr kennzeichnend. Der lange, hellgraue Schwanz hat eine breite schwarze Endbinde. Jungvögel im 1. Jahr sind oberseits einheitlich dunkel, unterseits rostbraun bis auf die schwarzen Flügelspitzen. Anschließend wirkt das Gefieder scheckig und ist erst bei Dreijährigen ausgefärbt.
STIMME Bei Balzflügen und am Brutplatz, z. B. bei der Beuteübergabe, sind „jiöh"-Rufe und hohe „jibjibjib"-Rufreihen zu hören.

Adulter Habichtsadler hat sich durch waagerechte Körperstellung in Startposition gebracht.

Habichtsadler mit voll ausgestreckten Flügeln im Gleitflug.

VERBREITUNG Von Nordafrika und dem Mittelmeerraum über Vorderasien bis nach Indien und Südchina. Die in Ost- und Südafrika lebende Unterart *A. f. spilogaster* wird auch als eigene Art betrachtet. Der europäische Anteil an der weltweiten Verbreitung wird auf rund 10 % geschätzt.

LEBENSRAUM Offene, wenig bewaldete Regionen in hügeligem oder gebirgigem Gelände mit Felswänden. Außerhalb der Brutzeit gern in Feuchtgebieten mit hohem Nahrungsangebot in Form von Wasservögeln.

SIEDLUNGSDICHTE UND REVIERGRÖSSE In Südfrankreich wurde die Fläche des Jagdgebiets eines Paares mit durchschnittlich 31 km^2 beziffert.

JAGDWEISE UND ERNÄHRUNG Aus kreisendem Flug in großer Höhe stößt er mit angelegten Schwingen rasant auf ein entdecktes Beutetier herab, betreibt aber auch Suchflug dicht an Felswänden entlang sowie Ansitzjagd. Die Partner eines Paares jagen oft gemeinsam. Beutetiere sind

Habichtsadler beim Rupfen seiner Vogelbeute.

Habichtsadler-Weibchen am Nest in einer Felsnische mit zwei Jungen, ca. 3 Wochen alt.

hauptsächlich Kaninchen, Rothühner und Dohlen, daneben Junghasen und Ratten, Tauben und andere mittelgroße Vögel, gelegentlich auch Eidechsen. Vögel werden in der Luft nach Falkenart geschlagen, ansonsten erfolgt der Zugriff auf Beute am Boden.

FORTPFLANZUNG In welchem Alter die Geschlechtsreife erreicht wird, ist noch nicht bekannt. Die Paare leben wahrscheinlich in Dauerehe. Schon ab November/Dezember beginnt die Balz mit Schaufliegen im Brutgebiet, wobei die Vögel mit angelegten Schwingen steil herabstürzen und anschließend wieder aufsteigen. Das Nest wird oft im oberen Bereich von steilen Felswänden an Berghängen oder in Schluchten angelegt, meist in einer Nische. In Portugal brüten die Habichtsadler zu 70 % auf hohen Bäumen.

LEGEBEGINN Februar/März.

GELEGEGRÖSSE Meist 2 Eier (69 × 54 mm; 112 g), die entweder einfarbig weiß oder gelblich braun gefleckt sind.

LEGEABSTAND 2 Tage.

BRUTDAUER 37–40 Tage. In der Hauptsache brütet das Weibchen, das auch die Jungen hudert und füttert, während das Männchen die Nahrung beschafft.

NESTLINGSDAUER 60–65 Tage. Die ausgeflogenen Jungen werden noch einige Wochen von den Eltern versorgt.

ÜBERLEBENSRATEN Bei Jungvögeln bis zur Brutreife nur etwa 10 %, bei Altvögeln rund 90 %.

HÖCHSTALTER 18 Jahre in Gefangenhaltung.

WANDERUNGEN Stand- und Strichvogel; vor allem die Jungvögel streichen weiter umher.

BESTANDSVERHÄLTNISSE IN EUROPA Der Gesamtbestand des Habichtsadlers in Europa wird derzeit auf rund 1150 Paare geschätzt (1100–1200 Paare). Das Hauptvorkommen liegt in Spanien, weitere Vorkommen in Portugal, Südfrankreich, Italien und Griechenland. In sonstigen Ländern des Balkanraumes wenige weitere Brutpaare.

BESTANDSGEFÄHRDUNG Die IUCN führt die Art noch als „nicht gefährdet“. Im Gesamtverbreitungsgebiet nimmt der Habichtsadler drastisch ab, in Europa gilt der Bestand als stabil. Im Vergleich mit früheren Zeiträumen hat es aber wohl auch hier Abnahmen um rund 30 % gegeben. Die hauptsächlichen Gefährdungsfaktoren sind direkte Verfolgung und Abschuss, Verschlechterungen des Lebensraumes (Nutzungs- und Bewirtschaftungsveränderungen, Intensivierung), Kollisionen mit Stromfreileitungen sowie Rückgang der Beutetierbestände.

Steppenadler

— Aquila nipalensis

STEPPE EAGLE – AIGLE DES STEPPES – AGUILA NIPALENSE
LÄNGE: 62–74 cm
SPANNWEITE: ♂ 165–180 cm, ♀ 180–200 cm
GEWICHT: ♂ ca. 2500 g, ♀ ca. 3100 g

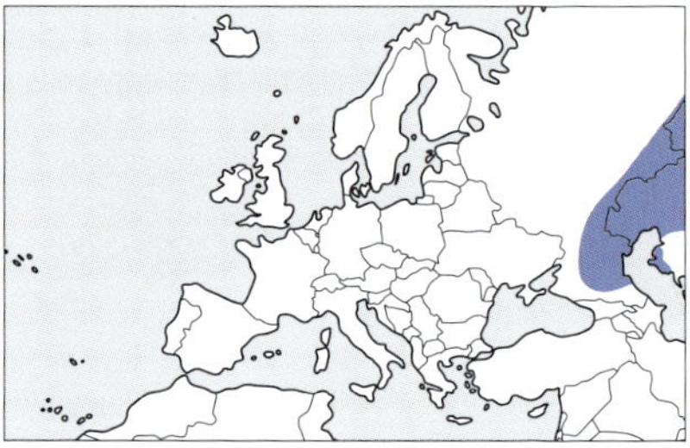

VORKOMMEN IN MITTELEUROPA Da diese Art nur im äußersten Südosten Europas – in den südrussischen Steppengebieten – als Brutvogel vorkommt, erscheinen einzelne Exemplare nur selten bei uns.

BEOBACHTUNG Wenn man Steppenadler in freier Natur beobachten will, muss man in die südrussischen Steppengebiete am Nordrand des Kaspischen Meeres fahren, wo noch ein relativ großer Steppenadler-Brutbestand vorhanden sein soll. Auf dem Durchzug sind beeindruckende Ansammlungen am Bosporus zu erleben.

KENNZEICHEN Kleiner als Steinadler und Kaiseradler, von denen er sich durch den kürzeren Schwanz, der keine breite dunkle Endbinde aufweist, unterscheiden lässt. Im Flugbild zeigen Altvögel einen einfarbig dunkelbraunen Körper, der mit den helleren, graubraun gebänderten Unterflügeln kontrastiert. Bei Steppenadler-Jungvögeln sind Körper und Flügeldecken hellbraun, Armschwingen und Schwanz braunschwarz mit weißem Endsaum; außerdem zieht sich über die Flügelunterseite ein breites, weißes Band.

STIMME Am Brutplatz ein hohes, kläffendes „kau-kau-kau“.

VERBREITUNG Von Südrussland bis nach Zentralasien. Die frühere Annahme, der Steppenadler sei eine Unterart des Savannenadlers *(Aquila rapax)*, ist inzwischen widerlegt worden. Der europäische Anteil an der weltweiten Verbreitung wird auf rund 10 % geschätzt.

Adulter Steppenadler beobachtet aufmerksam die Umgebung.

Junger Steppenadler, erkennbar am hellen Flügelband, kreist am Himmel.

LEBENSRAUM Offene, flache Grassteppen und Halbwüsten.

SIEDLUNGSDICHTE UND REVIERGRÖSSE In günstigen Gebieten leben 3–5 Paare auf 100 km^2. Die Reviergröße schwankt stark in Abhängigkeit vom Nahrungsangebot, d. h. von der Häufigkeit des Ziesels.

JAGDWEISE UND ERNÄHRUNG Am häufigsten wird die Ansitzjagd betrieben, daneben auch die Jagd aus kreisendem Suchflug. Im Brutgebiet ernährt er sich fast ausschließlich von Zieseln. Auf dem Zug und im afrikanischen Winterquartier dienen andere Kleinsäuger und Aas als Nahrung.

FORTPFLANZUNG Alter der Geschlechtsreife noch unbekannt. Nach der Ankunft am Brutplatz (ab Mitte März) baut das Paar sein Nest auf einer Bodenerhöhung, mitunter auch auf einem Strauch oder auf einem Strohhaufen.

LEGEBEGINN Ab Mitte April.

GELEGEGRÖSSE 1–3, meist 2 Eier (69 × 54 mm; 117 g), die auf weißem Grund schwach braun und grau gefleckt sind.

Auf offenen Mülldeponien sammeln sich immature Adler oft zahlreich, um dort Schlachtabfälle zu fressen.

Ein Steppenadlerpaar am Nest bei seinen zwei Jungen, ca. 14 Tage alt.

BRUTDAUER Ca. 45 Tage.
NESTLINGSDAUER Ca. 60 Tage.
ÜBERLEBENSRATEN unbekannt
HÖCHSTALTER 41 Jahre in Gefangenschaft.
WANDERUNGEN Zugvogel, der im östlichen Afrika überwintert, z. T. auch schon auf der Arabischen Halbinsel. Wegzug: Ende August bis Anfang Oktober; Heimzug: Ende Februar bis Anfang April.
BESTANDSVERHÄLTNISSE IN EUROPA Der Gesamtbestand des Steppenadlers in Europa wird derzeit auf rund 1000 Paare geschätzt (800–1200 Paare), die alle in den südrussischen Steppengebieten nördlich und nordwestlich des Kaspischen Meeres vorkommen. Alle weiteren ehemaligen Vorkommen im europäischen Verbreitungsgebiet, z. B. im Südosten der Ukraine, sind erloschen.
BESTANDSGEFÄHRDUNG Von der IUCN wird die Art als „stark gefährdet" geführt. Er ist neben dem Schmutzgeier aktuell die am meisten bedrohte Greifvogelart Europas. Bezogen auf einen Zeitraum von 50 Jahren wird eine Abnahme von rund 80 % angenommen und der Bestand nimmt weiter ab. Die hauptsächlichen Gefährdungsfaktoren sind die Umwandlung von Steppen in intensiv genutzte Ackerbaugebiete, Stromschlag an ungesicherten Leitungsmasten, menschliche Verfolgung und Entnahme von Küken als Beizvögel.

Östlicher Kaiseradler

— Aquila heliaca 014

EASTERN IMPERIAL EAGLE – AIGLE IMPÉRIAL – AGUILA IMPERIAL ORIENTAL
LÄNGE: 79–84 cm
SPANNWEITE: ♂ 185–205 cm, ♀ 200–220 cm
GEWICHT: ♂ 2700 g, ♀ 3800 g

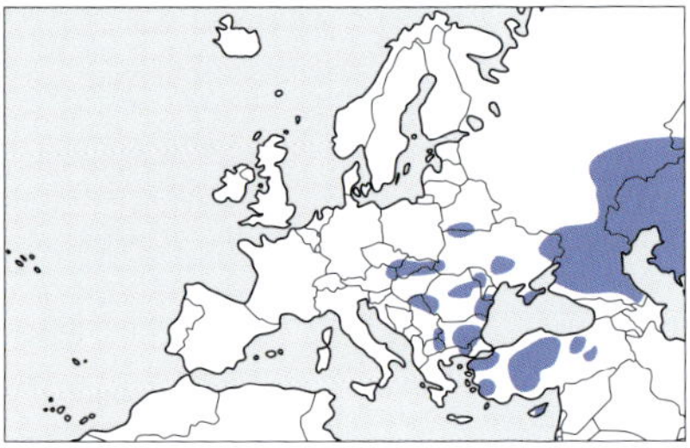

VORKOMMEN IN MITTELEUROPA Dank vorbildlicher Schutzmaßnahmen hat sich der Bestand positiv entwickelt. Aktuell gibt es in Ungarn, in der Slowakei, in Österreich und in Tschechien mehr als 250 Paare. Bei der Wintervogelzählung im Januar 2020 konnten von Österreich über Ungarn, Tschechien, die Slowakei, Serbien und Kroatien bis Rumänien insgesamt 535 Kaiseradler erfasst werden.

BEOBACHTUNG Gute Chancen auf eine Begegnung hat man in der offenen Kulturlandschaft in Niederösterreich, wo es inzwischen fast 20 Brutpaare gibt. Auch in Ungarn gibt es in den Niederungen mehrere Plätze, an denen man Kaiseradler-Nester aus angemessener Entfernung gut einsehen und beobachten kann, ohne zu stören.

KENNZEICHEN Fast so groß wie ein Steinadler, jedoch mit breiteren Flügeln und kürzerem Schwanz. Altvögel sind überwiegend schwarzbraun, haben einen gelblich braunen Hinterkopf und Nacken, helle Schulterfedern sowie einen hellgrauen Schwanz mit breiter dunkler Endbinde. Jungvögel sind überwiegend hellbraun mit dunklen Schwin-

juv. ad.

ad. juv.

gen und Schwanzfedern; nur die 3 innersten Handschwingen sind silbergrau. Durch die Mauser der folgenden Jahre wirkt ihr Gefieder scheckig, wird aber zunehmend dunkler. Mit 5 Jahren im Alterskleid.

STIMME Am Brutplatz sind rabenähnliche, bellende „krock-krock-krock"-Rufe zu hören, daneben auch einige andere Lautäußerungen.

VERBREITUNG Das Verbreitungsgebiet der Art erstreckt sich im Osten entlang der russischen und ukrainischen Steppe im nördlichen Teil des Kaukasus bis zum Baikalsee. In Europa brütet der Kaiseradler regelmäßig in Ungarn, der Slowakei, Österreich, Tschechien, Serbien, Rumänien und Bulgarien. Weiterhin gibt es in der Türkei eine kleine Population. Der europäische Anteil an der weltweiten Verbreitung wird auf rund 30 % geschätzt.

LEBENSRAUM Steppen und offenes Flachland mit Waldinseln oder Baumreihen. Stellenweise nistet er auch in Gebirgsgegenden und fliegt zum Jagen in die Agrarsteppen.

SIEDLUNGSDICHTE UND REVIERGRÖSSE Benachbarte Paare brüten oft nur wenige Kilometer voneinander entfernt. Jedoch umfasst der Lebensraum eines Paares etwa 50 km^2.

JAGDWEISE UND ERNÄHRUNG Der Kaiseradler jagt entweder aus dem kreisenden Suchflug oder vom Ansitz aus und schlägt seine

Jungvögel vom Östlichen Kaiseradler sind auf sandfarbenem Grund deutlich längs gestrichelt.

Paar vom Östlichen Kaiseradler (links das Weibchen, rechts das etwas kleinere Männchen) auf dem Nest bei seinen drei Jungen.

Beute in der Regel am Erdboden. Hauptnahrung in Südosteuropa sind Ziesel, stellenweise auch Hamster. Daneben werden auch andere Kleinsäuger bis zu halbwüchsigen Hasen sowie kleine und mittelgroße Vögel, vor allem Jungtiere, erbeutet, gelegentlich Frösche und größere Insekten.

FORTPFLANZUNG Die Geschlechtsreife wird im Alter von 4–5 Jahren erreicht. Paare halten of-

fenbar lebenslang zusammen – auch im Winterquartier – und sind sehr reviertreu. In Südosteuropa treffen die Paare im März am Brutplatz ein und zeigen eindrucksvolle Balzflüge. Beide Partner bauen das Nest, das stets auf einem Baum steht – mit guter Aussicht – und oft auch im folgenden Jahr wieder besetzt wird.

LEGEBEGINN In Südosteuropa ab Ende März.

GELEGEGRÖSSE Meist 2 oder 3, ausnahmsweise auch 4 Eier (73 × 56 mm; 135 g), die auf weißem Grund spärliche blassviolette und braune Flecken zeigen.

LEGEABSTAND 2–3 Tage.

BRUTDAUER 43 Tage. Während das Weibchen brütet bzw. die kleinen Jungen hudert, trägt das Männchen Nahrung herbei.

NESTLINGSDAUER 65–77 Tage.

FORTPFLANZUNGSRATE Gemäß Untersuchungen an 27 bzw. 22 Bruten in der Slowakei bzw. in Ungarn beträgt die Fortpflanzungsrate 1,6 bzw. 2,4 flügge Junge pro erfolgreicher Brut.

ÜBERLEBENSRATEN Bei Jungvögeln unter 30 %, bei Altvögeln etwa 80 %.

HÖCHSTALTER 26 Jahre in freier Natur, 44 Jahre im Gehege.

WANDERUNGEN In Südosteuropa sind Kaiseradler Zugvögel, deren Winterquartiere in Nordostafrika und Vorderasien liegen, z. T. auch schon im östlichen Balkan und in der Türkei. Der Wegzug findet von Mitte September bis Ende Oktober statt, der Heimzug von Mitte Februar bis Mitte März, bei Jungvögeln bis Anfang April. In milden Wintern verbleiben adulte Kaiseradler allerdings oft in ihren Brutrevieren.

BESTANDSVERHÄLTNISSE IN EUROPA Der Gesamtbestand des Östlichen Kaiseradlers in Europa wird derzeit auf rund 1600 Paare geschätzt (1300–1900 Paare). Das Hauptvorkommen liegt im europäischen Russland, die mitteleuropäischen Vorkommen, allen voran in Ungarn, nehmen gegenwärtig zu. Weitere besiedelte Länder sind die Ukraine, auf der Balkanhalbinsel Mazedonien, Serbien, Bulgarien und Rumänien sowie mögliche Vorkommen in Griechenland, auf Zypern und in Kroatien, Moldawien und im Kosovo.

BESTANDSGEFÄHRDUNG Die IUCN führt die Art als „potenziell gefährdet". In Europa ist der Bestand stabil, im Gesamtverbreitungsgebiet wahrscheinlich langfristig im Rückgang. Hauptsächliche Gefährdungsfaktoren sind Verlust und Verschlechterung des Lebensraumes durch die Intensivierung der Landwirtschaft, illegale Verfolgung (Abschuss, Vergiftung) und Stromschlag an ungesicherten Leitungsmasten.

Spanischer Kaiseradler

— Aquila adalberti

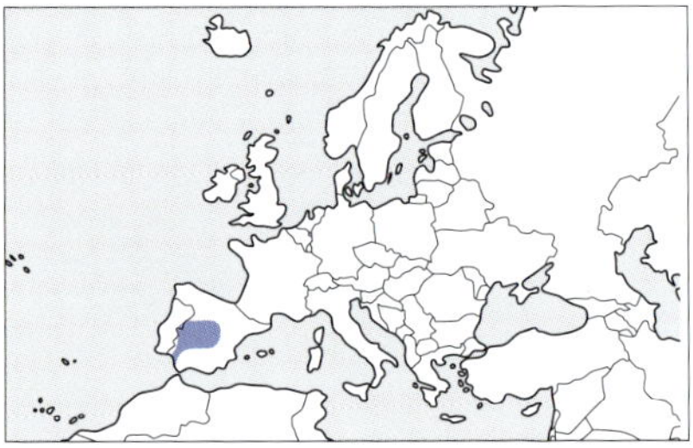

SPANISH IMPERIAL EAGLE – AIGLE IBÉRIQUE – AGUILA IMPERIAL IBÉRICA
LÄNGE: 78–82 cm
SPANNWEITE: 180–210 cm
GEWICHT: ♂ 2700 g, ♀ 3500 g

VORKOMMEN IN MITTELEUROPA Noch nicht einmal als Irrgast ist der Spanische Kaiseradler in Mitteleuropa anzutreffen.
BEOBACHTUNG Am besten kann man Spanische Kaiseradler auf geführten Touren für Vogelbeobachter in Andalusien/Südwestspanien sehen, aber auch an anderen Orten Spaniens, z. B. im Schutzgebiet Monfragüe bei Caceres, wo man ihre Brutplätze neben denen der Mönchsgeier von der Straße aus per Spektiv beobachten kann.
KENNZEICHEN Das Hauptkennzeichen des adulten Spanischen Kaiseradlers sind die auffälligen weißen Flecken auf den Schultern sowie am Flügelbug im sonst überwiegend schwarz-braunen Gefieder. Diese weißen Flecken am Flügelbug sind das Unterscheidungsmerkmal zum Östlichen Kaiseradler. Ähnlich wie bei Letzterem sind auch bei dieser Art Hinterkopf und Nacken hell gelblich braun. Der hellgraue Schwanz hat eine sehr breite dunkle Endbinde.
Das Jugendgefieder des Spanischen Kaiseradlers ist etwas dunkler rötlich braun als beim Östlichen Kaiseradler, später sandfarben, jedoch immer – im Unterschied zu Letzterem – ohne Längsstreifung oder -strichelung.
STIMME Bei der Balz sind rasch aufeinanderfolgende, bellende Lautäußerungen zu hören, die an

Adulter Spanischer Kaiseradler unterbricht sein Mahl und sichert in die Runde.

Kolkraben-Rufe erinnern. Der Warnlaut am Brutplatz ist ein gedämpftes „ko-gok". Der Bettelruf der Jungen wird als ständig wiederholtes „stíarb" umschrieben.

VERBREITUNG Die aktuelle Verbreitung dieser Art ist im Wesentlichen auf den Südwesten Spaniens beschränkt. Auch im Süden Portugals gibt es ein kleines Brutvorkommen. Der europäische Anteil an der weltweiten Verbreitung beträgt 100 %.

LEBENSRAUM Eichenwälder in den gebirgigen Gegenden im Südwesten der Iberischen Halbinsel, in den Tälern der Flüsse Tajo und Tiétar sowie die bewaldeten Schwemmlandebenen und Dünen in den Marismas des Guadalquivir (Doñana-Nationalpark).

SIEDLUNGSDICHTE UND REVIERGRÖSSE In optimalen Gebieten leben etwa 2 Brutpaare auf 100 km^2. Das gegenüber Artgenossen verteidigte Revier ist verhältnismäßig klein, während der Aktionsraum eines Paares mindestens 50 km^2 umfasst.

JAGDWEISE UND ERNÄHRUNG Außer der Jagd vom Ansitz aus finden Suchflüge in 2–30 m Höhe über dem Erdboden statt. Dabei wird oft die Deckung von Bäumen oder Sträuchern ausgenutzt, um den Überraschungseffekt zu gewährleisten. Kaninchen bilden über 50 % der Nahrung. Weitere Tierarten, z. B. Rothühner, Tauben, Rabenvögel sowie viele Wasservogelarten, werden zusätzlich erbeutet.

FORTPFLANZUNG Die Brutreife erreicht der Spanische Kaiseradler normalerweise erst mit 4–5 Jahren. Die Brutsaison beginnt bereits im Januar mit eindrucksvollen Balzflügen. Das Nest wird

Junger Spanischer Kaiseradler im hell sandfarbenen Übergangskleid.

meist im Wipfel eines Baumes – hauptsächlich Korkeiche oder Steinkiefer – erbaut und hat einen Durchmesser von über 1 m. Manchmal werden Gittermasten von Stromfreileitungen als Brutplatz benutzt.

LEGEBEGINN Ende Februar/Anfang März.

GELEGEGRÖSSE 1–4, meist 3 Eier (69 × 56 mm; 105 g), die auf weißem Grund spärliche blassviolette und braune Flecken zeigen.

LEGEABSTAND Etwa 4 Tage.

BRUTDAUER Etwa 44 Tage. Auch das Männchen kann sich an der Bebrütung des Geleges beteiligen. Die Jungen schlüpfen meist Ende April. Häufig fällt der kleinste Jungadler den Aggressionen der größeren Geschwister zum Opfer (Kainismus).

NESTLINGSDAUER Durchschnittlich 77 Tage. Ausnahmsweise werden in einer Brut alle 4 Jungen flügge.

ÜBERLEBENSRATEN Bei Jungvögeln nur etwa 40 %, bei Altvögeln dagegen ca. 94 %.

HÖCHSTALTER Über 40 Jahre in Gefangenhaltung.

WANDERUNGEN Adulte Spanische Kaiseradler sind Standvögel, die das ganze Jahr in ihrem Revier verbringen. Dagegen wandern die Jungvögel bis zu 350 km weit aus dem elterlichen Revier ab, sobald sie selbstständig geworden sind, kehren aber immer wieder besuchsweise in die Nähe ihres Geburtsortes zurück, bis sie schließlich die Möglichkeit finden, eine Lücke im Brutbestand zu füllen.

BESTANDSVERHÄLTNISSE IN EUROPA Der Gesamtbestand des Spanischen Kaiseradlers beträgt aktuell über 536 Paare. Das Hauptvorkommen liegt in Spanien (520 Paare 2017), in Portugal brüteten im Jahr 2017 immerhin 16 Paare. Es besteht die Hoffnung, dass im Zuge der aktuellen Ausbreitung die ehemaligen Brutgebiete im Norden Marokkos wiederbesiedelt werden.

BESTANDSGEFÄHRDUNG Von der IUCN wird die Art als „potenziell gefährdet" geführt. In seinem europäischen Verbreitungsgebiet hat der Spanische Kaiseradler zugenommen. Wesentliche Probleme bereiten ihm Stromschlag an ungesicherten Leitungsmasten und Vergiftung durch ausgelegte Köder gegen Greifvögel oder Füchse sowie die Intensivierung der Landwirtschaft und andere Veränderungen der Lebensräume. Die Hauptbeuteart Kaninchen leidet in einigen Regionen unter Krankheiten wie Myxomatose und Chinaseuche und Verschlechterungen des Lebensraumes.

Steppenweihe

— Circus macrourus

PALLID HARRIER – BUSARD PÂLE – AGUILUCHO PAPIALBO
LÄNGE: 43–48 cm
SPANNWEITE: 105–120 cm
GEWICHT: ♂ ca. 330 g, ♀ ca. 440 g

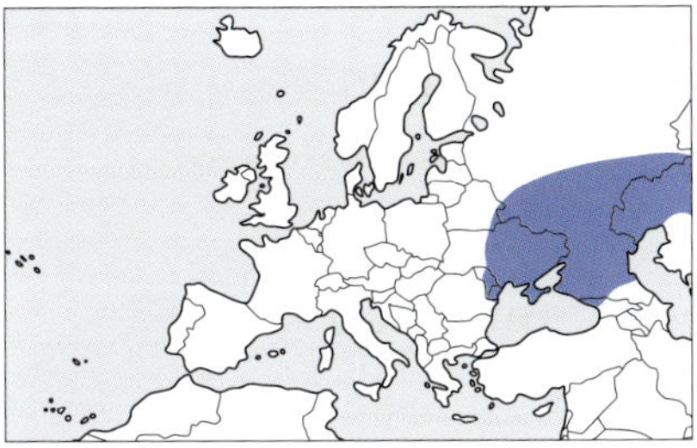

VORKOMMEN IN MITTELEUROPA Früher erschien die in den Steppengebieten im Süden Russlands sowie in Teilen Asiens brütende Steppenweihe nur als äußerst seltener und unregelmäßiger Gast in Mitteleuropa. Nach 1990 nahmen in Deutschland die Beobachtungen kontinuierlich zu. Gegenwärtig entspricht das jahreszeitliche Auftreten dem eines typischen Durchzüglers mit Nachweisen zu beiden Zugzeiten und Fehlen in den Wintermonaten. In Mitteleuropa gibt es vereinzelte Brutnachweise, z. B. im Jahr 1952 auf der Nordseeinsel Norderney von 1 Paar, in Mecklenburg von 2 Paaren, und auf den schwedischen Inseln Öland und Gotland von 6 Paaren sowie ein neuester Brutnachweis 2017 in den Niederlanden von 1 Paar, das 4 Junge hatte.

BEOBACHTUNG Abseits der Brutgebiete können Beobachtungen z. B. in Deutschland überall während des Durchzuges gelingen. Der Herbstdurchzug – mit Spitzen von Anfang September bis Anfang Oktober – ist intensiver ausgeprägt als der Frühjahrsdurchzug von Anfang April bis Anfang Mai.

KENNZEICHEN Aus größerer Entfernung ist die Steppenweihe nur schwer von der Korn- und Wiesenweihe zu unterscheiden. Vor allem die Weibchen und Jungvögel dieser 3 Weihenarten sind sich so ähnlich, dass eine sichere Artbestimmung viel Erfahrung und gute Sichtbedingungen erfordert. Lediglich alte Steppenweihen-Männchen sind an folgenden Merkmalen etwas besser zu erken-

Steppenweihen-Weibchen streckt die Füße aus, um gleich zu landen.

nen: bis auf die schwarzen Flügelspitzen unterseits reinweiß, oberseits hellgrau; also insgesamt heller und mit deutlich schlankeren, spitzeren Flügeln als das sonst sehr ähnliche Kornweihen-Männchen. Weibchen und Jungvögel sind am hellen Halsring zu erkennen.

STIMME Am Brutplatz charakteristische Warnlaute „gigigig-kirrrk". Der Bettelruf des Weibchens ist ein helles, lautes „zieh".

VERBREITUNG Von der Ukraine und Belarus ostwärts quer durch Russland bis zum Jenissei und nach Nordwestchina. Der europäische Anteil an der weltweiten Verbreitung wird auf 40 % geschätzt.

LEBENSRAUM Steppen und andere offene Landschaften, die auch von der Wiesenweihe bevorzugt werden. Beide Weihenarten können in enger Nachbarschaft brüten.

SIEDLUNGSDICHTE UND REVIERGRÖSSE Teilweise nomadisches Auftreten und dann in einzelnen Jahren hohe Dichten möglich. In Kasachstan Dichten von 9,4–25 Paaren je 100 km^2 bekannt. Die Nester der beiden Paare, die 1952 am Conventer See (Mecklenburg) brüteten, hatten einen Abstand von knapp 100 m.

JAGDWEISE UND ERNÄHRUNG Ganz ähnlich wie bei den anderen Weihenarten. Jagt im Suchflug mit Überraschungsangriffen. Im Brutgebiet werden hauptsächlich Kleinsäuger, vor allem Wühlmäuse und Steppenlemminge, sowie Vögel, vor allem Lerchen, Pieper und kleine Jungvögel erbeutet, während Reptilien und Insekten nur eine untergeordnete Rolle spielen.

FORTPFLANZUNG Geschlechtsreife mit 2 oder 3 Jahren. Im Gegensatz zu anderen Weihen findet die Paarbildung bereits im Winterquartier statt, sodass Steppenweihen verpaart im Brutgebiet im April eintreffen. Dort führen sie gemeinsame Balzflüge aus bis zur Eiablage, danach balzt das Männchen allein weiter. Das Nest wird von beiden Partnern am Boden gebaut, meist in der

Männliche Steppenweihe im Suchflug mit Blick zum Boden und typisch V-förmig nach oben gehaltenen Flügeln.

Nähe von Wasser, aber an einer trockenen Stelle und in der Deckung von entsprechend hoher Vegetation.

LEGEBEGINN Anfang Mai.

GELEGEGRÖSSE 3–5 weiße Eier (43 × 34 mm; 28 g).

BRUTDAUER Etwa 30 Tage. Das Weibchen brütet allein und hudert die kleinen Jungen, bis sie knapp 2 Wochen alt sind.

NESTLINGSDAUER 40–45 Tage. Nach dem Ausfliegen der Jungen bleibt die Steppenweihen-Familie noch knapp 3 Wochen beisammen.

ÜBERLEBENSRATEN unbekannt

HÖCHSTALTER 14 Jahre, durch Beringung festgestellt.

WANDERUNGEN Zugvogel, dessen Winterquartiere in offenen Landschaften in Südasien und in Afrika südlich der Sahara liegen. Der Wegzug beginnt Ende August. Im Mittelmeerraum liegt der Durchzugsgipfel im Herbst zwischen Mitte September und Anfang Oktober, im Frühjahr zwischen Mitte März und Mitte April.

BESTANDSVERHÄLTNISSE IN EUROPA
Der Gesamtbestand der Steppenweihe in Europa wird derzeit auf rund 700 Paare geschätzt (300–1100 Paare). Die Hauptvorkommen liegen im europäischen Russland, in verschiedenen ehemals besiedelten Ländern sind die Brutbestände mittlerweile erloschen.

BESTANDSGEFÄHRDUNG Von der IUCN wird die Art als „potenziell gefährdet" geführt. Die Gesamtentwicklung ist nicht eindeutig, da für verschiedene Länder insgesamt unklare Entwicklungen aus Abnahme, Schwankungen, Zunahmen und unbekannten Trends gemeldet wurden. Im Gesamtverbreitungsgebiet nimmt die Steppenweihe ab, in Europa sind die Bestände aktuell stabil. Hauptfaktoren sind Intensivierungen und Nutzungsänderungen in den Brut- und Überwinterungsgebieten neben Schwankungen im Nahrungsangebot.

Kornweihe

— *Circus cyaneus* 015

HEN HARRIER – BUSARD SAINT-MARTIN – AGUILUCHO PÁLIDO
LÄNGE: 43–52 cm
SPANNWEITE: 100–120 cm
GEWICHT: ♂ 350 g, ♀ 510 g

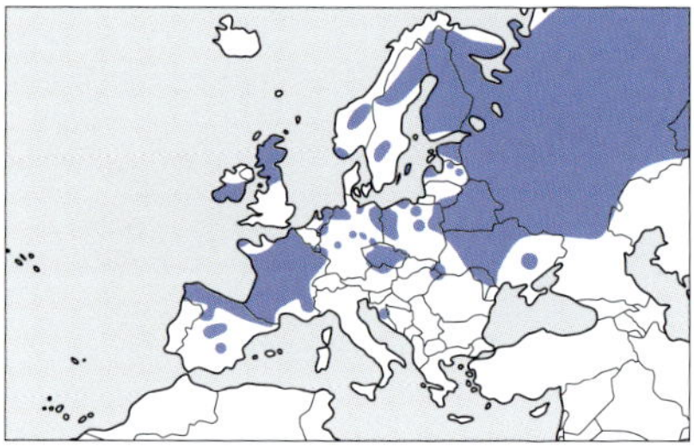

VORKOMMEN IN MITTELEUROPA In den meisten Bereichen Mitteleuropas, in denen die Kornweihe früher ein relativ häufiger Brutvogel war, z. B. in den Moor- und Heidegebieten der Norddeutschen Tiefebene, ist sie infolge der Zerstörung ihrer Lebensräume heute kaum noch als Brutvogel vorhanden. So umfasste der deutsche Brutbestand im Jahr 2016 nicht einmal mehr 10 Paare.
BEOBACHTUNG Normalerweise kann man Kornweihen in Mitteleuropa nur als Wintergäste zwischen Oktober und April beobachten. Dann sieht man sie am besten beim abendlichen Einflug an gemeinschaftliche Schlafplätze in großen Schilfgebieten.
KENNZEICHEN Wie alle Weihen sehr schlank, mit langem Schwanz und langen Flügeln, die im gleitenden Segelflug schräg nach oben gehalten werden. Das ausgefärbte Kornweihen-Männchen zeigt im Flug ober- und unterseits eine hellblaugraue bzw. weißliche Färbung, zu der die schwarzen Flügelspitzen (4.–10. Handschwinge, von innen gezählt) einen starken Kontrast bilden. Beim sehr ähnlichen alten Steppenweihen-Männchen sind nur die 6.–9. Handschwinge schwarz und die 6. Handschwinge ist deutlich kürzer als die 9., während sie bei der Kornweihe gleich lang ist. An folgenden Merkmalen ist das alte Kornweihen-Männchen vom alten Wiesenweihen-Männchen zu unterscheiden: reinweiße Oberschwanzdecken und kein schwarzes Band auf den Armflügeln.

Kornweihen-Weibchen im Porträt. Der Gesichtsschleier sieht dem der Eulen sehr ähnlich.

Die bräunlich gefärbten Weibchen und Jungvögel dieser 3 Weihenarten sind sich dagegen zum Verwechseln ähnlich, sodass im Flug eine sichere Artbestimmung schwer ist. Bei allen 3 Arten haben Weibchen und Jungvögel weiße Oberschwanzdecken, weshalb man auch von „Weißbürzelweihen" spricht. Bei der Beobachtung solcher Tiere im Winterhalbjahr zwischen Ende Oktober und Anfang März in Mitteleuropa kann es sich fast nur um Kornweihen handeln, weil die Wiesenweihen zu dieser Zeit im afrikanischen Winterquartier sind. Generell hat die Kornweihe relativ breitere und kürzere Flügel als die noch schlankere Wiesenweihe.

STIMME Am Brutplatz sind keckernde Rufreihen zu hören.

VERBREITUNG Abgesehen von den Brutvorkommen in West- und Mitteleuropa, erstreckt sich das zusammenhängende Verbreitungsgebiet der Kornweihe von Nord- und Osteuropa in einem breiten Gürtel quer durch Russland bis zum Pazifik. In Nord- und Südamerika leben nahverwandte Arten. Der europäische Anteil an der weltweiten Verbreitung wird auf 34 % geschätzt.

LEBENSRAUM Bevorzugt offene Flächen als Brut- und Jagdgebiet, vor allem Heideflächen, Moore, Verlandungszonen und Feuchtwiesen, aber auch Dünengebiete und junge Aufforstungsflächen. Beim Durchzug und während des Winters jagt sie auch auf Wiesen und Äckern. Überwinternde Kornweihen haben oft gemeinsame Schlafplätze, z. T. mit mehrjähriger Tradition.

SIEDLUNGSDICHTE UND REVIERGRÖSSE In geeigneten Gebieten und bei hohem Nahrungsangebot kann die Siedlungsdichte 4–5 Paare auf 1 km^2 betragen. Das Jagdgebiet der einzelnen Paare umfasst jedoch mehrere km^2. Bei geringen Nestabständen (nur 50 m) kann Polygynie vorlie-

Kornweihen-Weibchen bei der Fütterung seiner drei Jungen, ca. 2–3 Wochen alt.

Kornweihen-Weibchen mit Blick zum Boden auf der Suche nach Beute.

gen, wobei ein Männchen mehrere Weibchen (mit Jungen) betreut.

JAGDWEISE UND ERNÄHRUNG Im niedrigen, gleitenden Suchflug sucht die Kornweihe systematisch das Gelände ab, um beim Entdecken eines Beutetieres sehr schnell und wendig zuzustoßen. Das Nahrungsspektrum kann regional und jahreszeitlich unterschiedlich sein, doch sind Kleinsäuger, speziell Feldmäuse, die bevorzugten Beutetiere. In den Sommermonaten können auch junge Kleinvögel einen erheblichen Teil der Nahrung bilden. Im Winter umfasst die tägliche Nahrungsmenge einer Kornweihe ca. 10 Wühlmäuse.

FORTPFLANZUNG Brutreife meist erst mit 2 Jahren. In Mitteleuropa Ankunft im Brutgebiet ab Anfang April. Das Männchen besetzt das Revier und lockt mit auffälligen Schauflügen (siehe bei Rohrweihe) ein Weibchen heran. Bei dichterer Besiedelung kommt es regelmäßig vor, dass ein älteres Männchen mit 2 oder 3 Weibchen verpaart ist, die es aufgrund seiner guten Jagderfolge ausreichend mit Beute versorgen kann. Das Nest wird hauptsächlich vom Weibchen am Boden gebaut, im Schutz von dichter Vegetation.

LEGEBEGINN Hauptsächlich im Mai.

GELEGEGRÖSSE Meist 4–6 mattweiße Eier (46 × 35 mm; 33 g).

LEGEABSTAND Normalerweise 2 Tage.

BRUTDAUER Im Mittel 31 Tage. Das Weibchen brütet allein und wird vom Männchen mit Nahrung versorgt, auch schon vor Beginn der Eiablage. Die Beuteübergabe findet meist in der Luft statt, indem das Weibchen dem beutetragenden Männchen entgegenfliegt. Auch das Füttern und Hudern der kleinen Jungen obliegt allein dem Weibchen. Wenn die Jungen etwa 3 Wochen alt sind, beginnt das Weibchen wieder selbst zu jagen.

NESTLINGSDAUER 31–35 Tage bei jungen Männchen und 35–38 Tage bei jungen Weibchen, die nach dem Ausfliegen noch 2–3 Wochen mit Futter versorgt werden.

FORTPFLANZUNGSRATE Schwankt je nach Nahrungsangebot zwischen 1,3 und 2,8 flüggen Jungen pro Paar und Jahr.

Kornweihen-Männchen hebt mit tief ausholenden Flügelschlägen vom Boden ab und trägt Beute davon.

ÜBERLEBENSRATEN Im 1. Lebensjahr ca. 38 %, in späteren Jahren ca. 72 %.
HÖCHSTALTER 17 Jahre, durch Beringung festgestellt.
WANDERUNGEN Kornweihen aus Nord- und Nordosteuropa sind Zugvögel, die den Winter in Mittel-, West- und Südeuropa verbringen. Wegzug ab Ende August, Durchzug in Mitteleuropa hauptsächlich im Oktober. Heimzug Ende Februar bis Ende April. Die in Westeuropa brütenden Kornweihen sind Stand- und Strichvögel.
BESTANDSVERHÄLTNISSE IN EUROPA Der Gesamtbestand der Kornweihe in Europa wird derzeit auf rund 42 000 Paare geschätzt (30 000–54 000 Paare). Die Hauptvorkommen liegen im europäischen Russland in Überleitung zu den großen Vorkommensgebieten in Asien. Bemerkenswert große Bestände siedeln in Frankreich, Spanien und Großbritannien ebenso wie in Finnland, Schweden und Belarus.
BESTANDSGEFÄHRDUNG Von der IUCN wird die Art als „nicht gefährdet" geführt. Die langfristige Bestandsentwicklung ist insgesamt unklar, aktuell wird für Europa eher ein Rückgang angegeben. Die hauptsächlichen Gefährdungsfaktoren sind die Intensivierung und Umgestaltung der Lebensräume (Intensivierung der Landwirtschaft, Trockenlegung von Sümpfen und Mooren, Wiederaufforstungen) sowie illegale Jagd und Verfolgung (z. B. in Schottland in Jagdrevieren mit Moorschneehühnern).

Wiesenweihe

— *Circus pygargus* 016

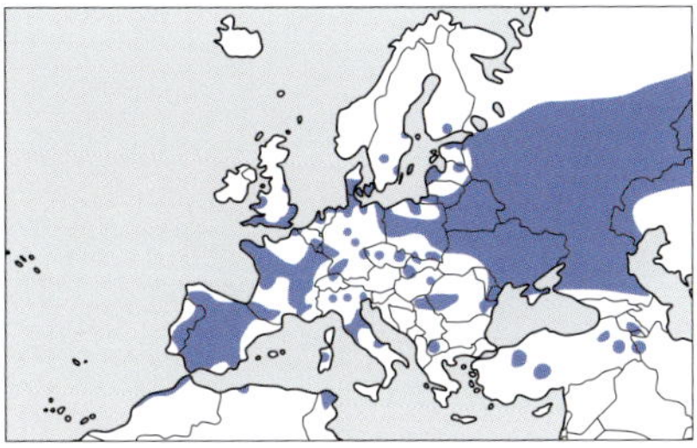

MONTAGU'S HARRIER – BUSARD CENDRÉ – AGUILUCHO CENIZO
LÄNGE: 43–47 cm
SPANNWEITE: 105–130 cm
GEWICHT: ♂ 260 g, ♀ 370 g

VORKOMMEN IN MITTELEUROPA Als Brutvogel früher vor allem in der polnischen und der Norddeutschen Tiefebene und in den angrenzenden Gebieten der Niederlande in feuchten Niederungen verbreitet. Infolge von Entwässerungsmaßnahmen, landwirtschaftlichen Intensivierungen und Lebensraumverlusten hat ihr Bestand aber im vorigen Jahrhundert so stark abgenommen, dass es in Mitteleuropa um 1990 nur noch etwa 1000 Brutpaare gab. Dank ihrer Fähigkeit, Brutplätze auch in Getreidefeldern anzulegen, und durch entsprechende Schutzmaßnahmen hat sich der Bestand aber in den letzten 30 Jahren wieder gut erholt. Inzwischen gibt es in Mitteleuropa insgesamt rund 4000 Paare, der Hauptanteil in Polen, ca. 460 Paare in Deutschland, ca. 200 in Ungarn und der Rest in den übrigen Ländern Mitteleuropas.

BEOBACHTUNG Die beste Region zur Beobachtung von Wiesenweihen in Deutschland ist die weiträumig offene Ackerlandschaft der Mainfränkischen Platten in Unterfranken, wo es viele Brutplätze in Getreidefeldern gibt. Es ist dort immer wieder ein sehr eindrucksvolles Erlebnis, diese eleganten Greifvögel bei ihren Balzflügen und bei den Beuteübergaben in der Luft zu beobachten.
KENNZEICHEN Wie alle Weihen mit langem Schwanz und langen, schmalen Flügeln, die im

Adultes Wiesenweihen-Männchen am Ruheplatz.

gleitenden Segelflug schräg nach oben gehalten werden. Die Wiesenweihe ist im Vergleich zur Kornweihe noch schlanker, denn sie hat längere und spitzere Flügel sowie einen längeren Schwanz. Beim ausgefärbten Männchen sind Rücken, Kopf und Brust aschgrau, während die weißliche Körperunterseite rostbraune Längsflecken zeigt; im Kontrast dazu sind die Flügelspitzen schwarz (3.–10. Handschwinge, von innen gezählt). Das sicherste Erkennungsmerkmal des alten Wiesenweihen-Männchens im Flug sind die dunklen Binden auf den Armflügeln (oberseits 1, unterseits 2). Die bräunlich gefärbten Weibchen und Jungvögel sind im Flug von den ähnlichen Korn- und Steppenweihen nur schwer zu unterscheiden. Wie Letztere haben sie weiße Oberschwanzdecken („Weißbürzelweihen"). Es gibt auch melanistische Wiesenweihen mit einfarbig braunschwarzem Gefieder.

STIMME Beim Balzflug und am Brutplatz sind keckernde Rufreihen zu hören.

VERBREITUNG Von Europa ostwärts durch Russland bis zum Jenissei. Der europäische Anteil an der weltweiten Verbreitung wird auf 41 % geschätzt.

LEBENSRAUM Normalerweise offene und feuchte Niederungen, Flachmoore und Verlandungszonen. Neuerdings auch Bruten in Getreidefeldern, wobei die Jagd bevorzugt auf Dauergrünlandflächen der Umgebung stattfindet.

Beuteübergabe bei einem Wiesenweihen-Paar im Flug: Das Männchen (oben) hat die Maus fallen gelassen, das Weibchen fängt sie gleich auf und ruft dabei bettelnd.

Wiesenweihen-Weibchen bringt Nistmaterial zum Brutplatz.

SIEDLUNGSDICHTE UND REVIERGRÖSSE Generell schwankt der Bestand in Abhängigkeit vom Nahrungsangebot und kann in Gradationsjahren der Feldmaus mehr als doppelt so hoch sein wie in mäusearmen Jahren. An günstigen Stellen brüten oft mehrere Paare in enger Nachbarschaft, d. h. wenige Hundert Meter voneinander entfernt. Jedoch umfassen die Jagdgebiete der einzelnen Paare im Durchschnitt 5–8 km^2.

JAGDWEISE UND ERNÄHRUNG Wie bei allen Weihen findet die Jagd in niedrigem Suchflug über offenem Gelände statt. Beim Verfolgen von Beutetieren ist die Wiesenweihe sehr wendig und fängt Kleinvögel und größere Insekten auch im Flug. Ihre Hauptnahrung bilden Kleinsäuger, vor allem Feldmäuse, und Kleinvögel, besonders eben flügge Junge, sowie größere Insekten (Heuschrecken, Libellen und Käfer). In wärmeren Gebieten, in denen es viele Eidechsen gibt, können auch diese einen wesentlichen Anteil der Beute ausmachen.

FORTPFLANZUNG Brutreife im Alter von 1 oder 2 Jahren. Die Ankunft im Brutgebiet erfolgt in Mitteleuropa meist zwischen Mitte April und Mitte Mai, wobei zuerst die Männchen eintreffen und etwas später die Weibchen. Durch auffallende Schauflüge über dem Revier lockt das Männchen – wie bei den anderen Weihen – ein Weibchen heran, mit dem es sich verpaart. Da die Vögel sehr ortstreu sind, handelt es sich oft um dieselben Partner wie im Vorjahr. Gelegentlich kommt es vor, dass ein jagdlich sehr erfolgreiches Männchen in der Folgezeit, wenn das 1. Weibchen schon brütet, durch seine fortgesetzten Balzflüge ein 2. Weibchen heranlockt und sich mit diesem ebenfalls verpaart. Es versorgt also gleichzeitig bzw. nacheinander 2 Weibchen und deren Junge in nah benachbarten Nestern mit Beute. Das Nest wird überwiegend vom Weibchen und am Boden im Schutz von genügend hoher Vegetation gebaut. Getreide-Bruten hauptsächlich in Wintergerste- und Rapsfeldern.

LEGEBEGINN Normalerweise zwischen Mitte Mai und Anfang Juni.

GELEGEGRÖSSE Meist 3–5 weiße Eier (41 × 33 mm; 24 g).

LEGEABSTAND 2–3 Tage. Das Weibchen brütet allein, bereits vom 1. Ei an, sodass die Jungen entsprechend den Legeabständen schlüpfen.

BRUTDAUER 27–30 Tage. Das Weibchen hudert die kleinen Jungen, bis diese etwa 2 Wochen alt sind, dann jagt es wieder selbst.

NESTLINGSDAUER 30–40 Tage. Nach dem Ausfliegen (ab Mitte Juli) werden die Jungen noch etwa 2 Wochen mit Beute versorgt. Die Fortpflanzungsrate ist wegen der ziemlich hohen Verluste meist gering und beträgt im Durchschnitt nur 1–2 flügge Junge pro Paar und Jahr.

ÜBERLEBENSRATEN Nur etwa 44 % der ausgeflogenen Jungvögel dürften ein fortpflanzungsfähiges Alter erreichen.

HÖCHSTALTER 16 Jahre, durch Beringung festgestellt.

WANDERUNGEN Zugvogel, der den Winter in Afrika südlich der Sahara verbringt. Altvögel verlassen das mitteleuropäische Brutgebiet schon ab Mitte August, die Jungvögel 1–2 Wochen später. Gewisse Konzentration des Zuges bei Gibraltar im September. Heimzug hauptsächlich im April.

BESTANDSVERHÄLTNISSE IN EUROPA
Der Gesamtbestand der Wiesenweihe in Europa wird derzeit auf rund 74 000 Paare geschätzt (54 500–92 200 Paare). Die Hauptvorkommen liegen im europäischen Russland, in Belarus und der Ukraine ebenso wie in Spanien, Frankreich und Portugal. Im Gegensatz zur Kornweihe nur vergleichsweise geringe Bestände in Nord- und Nordosteuropa.

BESTANDSGEFÄHRDUNG Von der IUCN wird die Art als „nicht gefährdet" geführt. Im Gesamtverbreitungsgebiet nimmt man für die Bestandsentwicklung aber eine Abnahme an, in Europa ist der Trend unbekannt. Die hauptsächlichen Gefährdungsfaktoren sind Verschlechterungen des

Wiesenweihen-Weibchen hudert seine Dunenjungen.

Voll ausgefärbtes Wiesenweihen-Männchen sichert im Flug in die Umgebung.

Lebensraumes (Intensivierung der Landwirtschaft, übermäßiger Pestizideinsatz) und Abnahme von Beutetierbeständen (kleine Säuger- und Vogelarten). Nester in Getreidefeldern werden ohne Schutzmaßnahmen schnell von Raubsäugern ausgenommen oder von Erntemaschinen zerstört. Dank eines Artenhilfsprogramms in Bayern mit sehr effektiven Schutzmaßnahmen der Wiesenweihen-Brutplätze in Getreidefeldern hat sich hingegen der Bestand ausgehend von Mainfranken sehr gut entwickelt, von nur 2 Brutpaaren im Jahr 1994 auf 221 Brutpaare im Jahr 2019. In Zusammenarbeit mit den Landwirten bleiben ungeerntete Schutzzonen von 50 × 50 m um das Nest so lange bestehen, bis die jungen Weihen ausgeflogen sind. Die Landwirte erhalten dafür Entschädigungen.

Rohrweihe

— Circus aeruginosus 017

WESTERN MARSH HARRIER – BUSARD DES ROSEAUX – AGUILUCHO LAGUNERO
LÄNGE: ca. 52 cm
SPANNWEITE: ca. 130 cm
GEWICHT: ♂ 540 g, ♀ 740 g

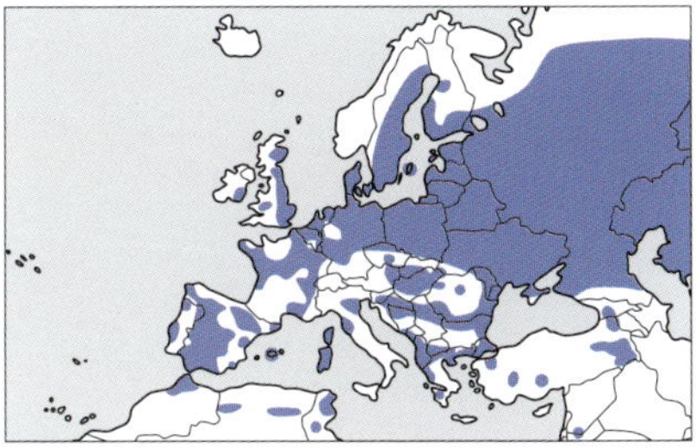

VORKOMMEN IN MITTELEUROPA Die größten Brutvorkommen der Rohrweihe erstrecken sich überwiegend von den Niederlanden über Nord- und Ostdeutschland bis nach Polen, wo sie vor allem im Tiefland an ausgedehnten Seen und in Teichgebieten lebt. Außerdem kommt sie entlang der Flüsse vor, aber nur in weithin offenen Landschaften. Große Bestände gibt es auch in Tschechien und Ungarn. Gegenwärtig wird der Gesamtbestand in Mitteleuropa auf rund 26 000 Paare geschätzt. Die Rohrweihe ist hier nur ab Mitte März bis September/Oktober anzutreffen, weil sie den Winter in südlicheren Bereichen verbringt.

BEOBACHTUNG In der Nähe von Feuchtgebieten mit Teichen und Seen, die von Schilf- und anderen Röhrichtbeständen umgeben sind, kann man im Sommerhalbjahr mehr oder minder regelmäßig Rohrweihen beobachten, sofern sie dort ungestört sind. Auch in der angrenzenden Agrarlandschaft ist sie während der Jagd oder sogar als Brutvogel anzutreffen.

KENNZEICHEN In der Größe entspricht die Rohrweihe etwa einem Mäusebussard, hat jedoch eine wesentlich schlankere Gestalt und auch einen anderen Flugstil. Meist segelt sie im gaukelnden Suchflug in geringer Höhe dahin und hält dabei die langen und breiten Flügel schräg nach oben.

Kennzeichnend für das adulte Rohrweihen-Männchen ist das silbergraue Flügelfeld.

Rohrweihen-Männchen hat mit aufgefächertem Schwanzgefieder den Suchflug abgebremst und setzt zur Landung an.

Beim ausgefärbten alten Rohrweihen-Männchen sind Rücken und Schultern dunkelbraun, die Flügel grau und an der Spitze schwarz, der lange Schwanz ist hellgrau; Kopf und Hals sind hell rostgelb mit dunkelbrauner Strichelung, während Bauch und Schenkel rostbraun gefärbt sind.
Das alte Weibchen ist fast einfarbig dunkelbraun, nur Scheitel, Kehle und Flügelbug sind gelblich weiß.
Bei den ebenfalls dunkelbraunen Jungvögeln sind Scheitel und Kehle noch nicht so hell, sondern rotbraun bis dottergelb gefärbt.
STIMME Nur am Brutplatz zu hören. Beim Balzflug ruft das Männchen „kuäh" oder „klijä", bei der Revierverteidigung „kuik". Bei Störungen am Brutplatz warnen beide Geschlechter mit keckernden Rufreihen. Der Bettelruf der Jungen ist ein durchdringendes „piejäh".
VERBREITUNG Von Nordwestafrika und den Mittelmeerländern im Süden bis nach Südschweden und Südfinnland im Norden sowie ostwärts in einem breiten Gürtel quer durch Asien bis zum Pazifik; außerdem in Neuguinea, Australien und Neuseeland. Der europäische Anteil an der weltweiten Verbreitung wird auf 48 % geschätzt.
LEBENSRAUM Wie alle Weihen lebt auch die Rohrweihe generell im offenen Gelände, vorwiegend im Tiefland, während gebirgige Gegenden weitgehend gemieden werden. In erster Linie bewohnt sie Schilf- und andere Röhrichtbestände in

Adultes Rohrweihen-Weibchen bringt Beute zum Nest.

Verlandungszonen von Gewässern. Mitunter können auch sehr kleine Schilfflächen als Brutplatz dienen, wenn sie ungestört sind. Neuerdings finden Bruten in zunehmendem Maße auch in Feldern statt.

SIEDLUNGSDICHTE UND REVIERGRÖSSE In günstigen Lebensräumen kann die Siedlungsdichte erstaunlich hoch sein. So brüteten im Matsalu-Nationalpark in Estland rund 30 Paare auf einer Fläche von 15,4 km^2. Am Süßen See zwischen Eisleben und Halle nisteten 6 Paare auf einer Uferstrecke von 850 m, wobei der geringste Abstand zwischen 2 Nestern nur 36 m betrug. Derart hohe Siedlungsdichten sind deshalb möglich, weil nur ein kleiner Bereich rings um das Nest gegen Artgenossen verteidigt wird. Die Nahrungsreviere (= Jagdflächen der Männchen) während der Brutperiode umfassen dagegen 3–15 km^2. Bei einer großräumigen Bestandsaufnahme auf fast 4000 km^2 waldfreier Fläche im Bezirk Frankfurt/Oder wurden 216 Paare festgestellt, was einer Siedlungsdichte von 5 Paaren/100 km^2 entspricht.

JAGDWEISE UND ERNÄHRUNG Im niedrigen Suchflug über Schilf- und Wasserflächen sowie über dem angrenzenden offenen Gelände nutzt die jagende Rohrweihe den Überraschungseffekt, indem sie ein Beutetier nach plötzlichem Erscheinen zu greifen versucht. Sie packt ihre Beutetiere meist am Boden, auch zwischen dichter Vegetation, seltener auf dem Wasser oder in der Luft. In der Hauptsache handelt es sich dabei um meist junge Vögel, daneben um Kleinsäuger. Bei Gradationen von Feldmäusen bilden diese jedoch den weit überwiegenden Teil der Nahrung. In geringem Maße werden auch Fische, Frösche und Reptilien erbeutet, außerdem gelegentlich Vogeleier aus Nestern genommen und verzehrt.

FORTPFLANZUNG Geschlechtsreife im Alter von 2 oder 3 Jahren. Gleich nach dem Eintreffen im Brutgebiet vollführt das Männchen auffällige Balzflüge in überragender Luftakrobatik. Hoch am Himmel kreisend, lässt es sich unter intensivem Rufen steil heruntertrudeln, um sich gleich darauf im Bogen nach oben überschlagend wieder aufzufan-

Rohrweihen-Weibchen neben seinen Dunenjungen auf dem Nest im Schilf.

Rohrweihe im Jugendkleid, bei dem die hellen Federpartien orange schimmern.

gen. Das Nest wird normalerweise im dichten vorjährigen Schilfbestand auf umgeknickten Halmen errichtet, aber auch in Raps- oder Getreidefeldern, sofern diese schon hoch genug gewachsen sind.

LEGEBEGINN Ende April/Anfang Mai.

GELEGEGRÖSSE Meist 4 oder 5, seltener nur 3 oder 6 weiße Eier (50 × 39 mm; 40 g).

LEGEABSTAND 2–3 Tage.

BRUTDAUER 32–34 Tage. Es brütet allein das Weibchen, während das Männchen Beute herbeiträgt. Da das Gelege vom 1. oder 2. Ei an bebrütet wird, schlüpfen die Jungen entsprechend den Legeabständen in mehrtägigem Abstand. Schon im Alter von etwa 35 Tagen verlassen die Jungen das Nest zu Fuß und halten sich in der Nähe auf, sind aber erst im Alter von etwa 56 Tagen voll flugfähig.

FORTPFLANZUNGSRATE Im Mittel 2,2 flügge Junge pro Paar und Jahr.

ÜBERLEBENSRATEN Bei sehr geringem Nahrungsangebot können die kleinsten Jungen wegen Unterernährung schon im Nest zugrunde gehen. In den ersten 2 Lebensjahren jeweils etwa 50 %, in späteren Lebensjahren etwa 75 %.

HÖCHSTALTER 20 Jahre in freier Natur, durch Beringung festgestellt.

WANDERUNGEN Zugvogel, der überwiegend in Afrika südlich der Sahara überwintert, teilweise auch schon in Südwesteuropa und im Mittelmeerraum. Der Wegzug beginnt Mitte August, hat seinen Höhepunkt in der 1. Septemberhälfte und endet im Oktober. Die Rückkehr ins mitteleuropäische Brutgebiet erfolgt von Mitte März bis Mitte April.

BESTANDSVERHÄLTNISSE IN EUROPA Der Gesamtbestand der Rohrweihe in Europa wird derzeit auf rund 142 000 Paare geschätzt (99 300–184 000 Paare). Die Hauptvorkommen liegen im europäischen Russland, in der Ukraine und in Belarus sowie in Mitteleuropa. Auch in Litauen, Lettland, Schweden sowie in Frankreich und Spanien brüten jeweils über 1000 Paare.

BESTANDSGEFÄHRDUNG Von der IUCN wird die Art als „nicht gefährdet" geführt, als Bestandstrend wird sogar eine Zunahme angegeben. In Deutschland ist der Trend aber negativ. Die hauptsächlichen Gefährdungsfaktoren sind Verschlechterungen des Lebensraumes (Intensivierung in der Landwirtschaft) mit einhergehendem Rückgang von Beutetieren. Nester in Feldern werden ohne Schutzmaßnahmen oft von Raubsäugern ausgenommen oder von Erntemaschinen zerstört.

Habicht

— Accipiter gentilis 018

NORTHERN GOSHAWK – AUTOUR DES PALOMBES – AZOR COMÚN
LÄNGE: ♂ ca. 50 cm, ♀ ca. 60 cm
SPANNWEITE: ♂ ca. 100 cm, ♀ ca. 115 cm
GEWICHT: ♂ 580–870 g (ca. 720 g), ♀ 880–1320 g (ca. 1130 g)

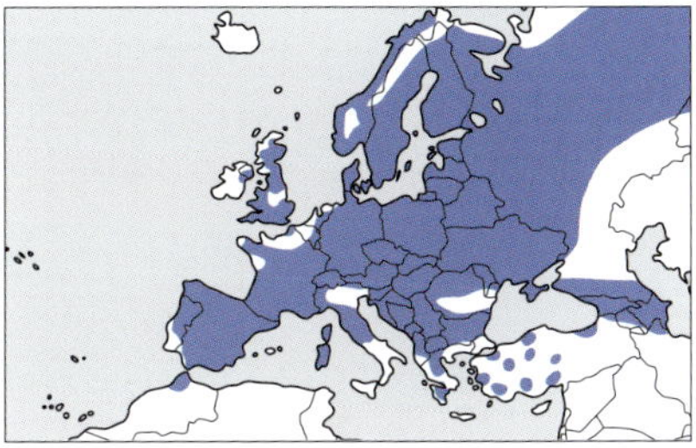

VORKOMMEN IN MITTELEUROPA Fast flächig verbreitet, aber nur dort, wo es viel Wald mit Altholzbeständen oder größere Feldgehölze gibt, vom Tiefland bis in mittlere Höhen im Gebirge. In den letzten Jahrzehnten kam es auch zur Besiedlung von Parks und Grünflächen mit großen Baumbeständen in einigen Großstädten, z. B. in Berlin, Hamburg und Köln. Vermutlich sind Habichte somit der menschlichen Verfolgung in ländlichen Regionen ausgewichen und haben sich die gute Nahrungsgrundlage in Form von Tauben in den Städten erschlossen.

BEOBACHTUNG Weil der Habicht generell sehr versteckt lebt und gern in deckungsreicher Landschaft jagt, sieht man ihn verhältnismäßig selten und auch dann meist nur kurz. Lediglich zur Balzzeit im Februar/März kann man ein Habicht-Paar bei günstiger Witterung über seinem Brutplatz kreisen sehen. Dabei werden die weißen Unterschwanzdecken als optisches Signal weit auseinandergespreizt, woran man ihn gut erkennen kann. Vor allem in der Balzzeit hört man in den Morgenstunden Habichte auch häufig rufen und kann dadurch den Brutplatz finden. Sehr leicht sind

Beim adulten Habicht ist die Iris orangerot und das Brustgefieder quer gebändert. Die weißen Unterschwanzdecken werden zur Signalgebung aufgefächert.

Auch im Flugbild ist die Längsfleckung des Junghabichts erkennbar.

Habichte in Berlin zu beobachten, wo sie in Parks kaum noch Scheu vor dem Menschen haben.

KENNZEICHEN Im Flug erkennbar an den relativ kurzen und breiten, abgerundeten Flügeln und am langen Schwanz, der wesentlich länger ist, als die Flügel breit sind. Die typische Flugweise besteht in mehreren schnellen, kräftigen Flügelschlägen, die sich mit Gleitflugphasen abwechseln, bei denen die Flügel waagerecht gehalten werden. Im Kreisflug sind im gefächerten Schwanz 4 breite dunkle Querbinden sichtbar. Im Sinne der Aufgabenteilung bei Brut und Jungenaufzucht ist das Männchen deutlich kleiner und etwa ein Drittel leichter als das Weibchen. Die Gefiederfärbung ist bei Altvögeln oberseits graubraun bis schiefergrau, unterseits weißlich mit enger und feiner dunkler Querbänderung. Bei der in Ostsibirien und Kamtschatka lebenden Unterart *(A. g. albidus)* gibt es eine fast völlig weiße Morphe. Jungvögel zeigen auf der dunkelbraunen Oberseite helle Federränder und auf der rostgelben Unterseite dunkelbraune Längsflecken. Sie werden in der Falknersprache daher „Rothabicht" genannt. Die Iris der Augen ist beim Nestling blaugrau, beim Jungvogel gelb und kann bei Altvögeln mit zunehmendem Alter orangerot werden.

Habicht-Weibchen auf dem Nest nach der Futterübergabe mit seinen drei Jungen, die etwa 4 Wochen alt sind.

STIMME Nur in der Nähe des Brutplatzes bei der Beuteübergabe vom Männchen zum Weibchen häufig zu hören: eine schnelle Folge von „gigigi-gig"-Lauten sowie „kijää"- und „giak"-Rufe. Die Jungen geben kurz nach dem Flüggewerden oft laute, durchdringende „klijäh"-Bettelrufe von sich.

VERBREITUNG Der Habicht ist über fast ganz Europa verbreitet und in einem breiten Gürtel quer durch das nördliche Asien bis zum Pazifik so-

wie über große Teile Nordamerikas. Die Nordgrenze des Brutareals fällt weitgehend mit der Waldgrenze zusammen. Der europäische Anteil an der weltweiten Verbreitung wird auf etwa 26 % geschätzt.

LEBENSRAUM Stark gegliederte, deckungsreiche Landschaft, in der Wälder mit offenen Flächen abwechseln. Zum Nisten dienen in der Regel Altholzbestände in größeren Komplexen von Nadel- oder Mischwald. Generell brütet der Habicht weiter im Waldesinneren als andere Greifvogelarten (Mäusebussard, Milane, Wespenbussard). Mitunter kann ein Habichtnest aber auch in einem kleinen Waldstück liegen, sofern dort wenig Störungen durch Menschen auftreten. In ausgedehnten Parkanlagen von verschiedenen Großstädten haben sich Brutbestände etabliert, die sehr tolerant gegenüber menschlichen Störungen sind. Wegen der besseren Deckung bevorzugt der Habicht Nadelbäume zum Nisten und auch als Schlafplatz. Für ihre Jagdflüge benötigen Habichte ebenfalls Deckung durch Hecken, Baumreihen oder Gehölzinseln sowie Waldränder.

SIEDLUNGSDICHTE UND REVIERGRÖSSE Je nach Höhe des Nahrungsangebotes und Vorhandenseins geeigneter Waldbestände zum Nisten schwankt die Siedlungsdichte zwischen 3 und 15 Brutpaaren/100 km^2. Entsprechend umfasst die Jagdfläche eines Habicht-Paares in günstigen Lebensräumen etwa 7 km^2, in ungünstigen dagegen 30 km^2 und mehr. Auf der gleichen Fläche können allerdings auch noch andere, unverpaarte Habichte jagen. Während der Jungenaufzucht erstrecken sich die Jagdflüge maximal 3–4 km weit vom Nest. Nur der Bereich im Umkreis von wenigen Hundert Metern um den Horst wird vom Männchen oder Weibchen gegen eindringende Artgenossen des gleichen Geschlechts verteidigt, oft so heftig, dass es zu kämpferischen Auseinandersetzungen und manchmal sogar zum Tod des Eindringlings kommen kann.

JAGDWEISE UND ERNÄHRUNG Im deckungsreichen Gelände betreibt der Habicht vom Ansitz aus oder in niedrigem Suchflug mit viel Geschick die Überraschungsjagd. Dabei kann er auf kurzen Strecken hohe Geschwindigkeiten entwickeln und fliegt äußerst wendig. Gelegentlich sieht man ihn auch aus hohem Anwarteflug im Sturzflug jagen. Er fängt hauptsächlich diejenigen Arten, die im jeweiligen Lebensraum sehr häufig vorkommen. In Mitteleuropa sind dies vor allem Ringel- und Straßentauben, auch auf dem Reiseflug ermattete Brieftauben, Eichelhäher, Drosseln und Stare. Wo von Jägern viele Fasane oder andere Hühnervögel ausgesetzt werden, die kein natürliches Verhalten zeigen, profitiert er auch davon. An Säugetieren erbeutet er vorwiegend Kaninchen und Eichhörnchen. Die Anteile der einzelnen Beutetierarten sind je nach Jahreszeit unterschiedlich groß.

FORTPFLANZUNG Die Geschlechtsreife wird bereits mit etwa 10 Monaten erreicht. Doch brütet normalerweise – in stabilen Populationen – nur ein kleiner Teil der Habichte schon im 1. oder 2. Lebensjahr; der größere Teil brütet erstmalig im 3. Lebensjahr. Die Partner eines Paares bleiben lebenslang zusammen und sind sehr reviertreu. Die Balz beginnt bei günstiger Witterung schon im Januar/Februar. Das Nest wird hoch auf alten Bäumen erbaut, bevorzugt auf Nadelbäumen, und oft über mehrere Jahre hinweg benutzt, sodass daraus ein recht umfangreicher Bau werden kann. Es wird mit grünen Zweigspitzen belegt, auch noch während der Jungenaufzucht.

LEGEBEGINN Ende März/Anfang April.

GELEGEGRÖSSE Selten 2, meist 3 oder 4 und manchmal sogar 5 Eier (57 × 44 mm; 61 g), die grünlich weiß und in der Regel ungefleckt sind.

LEGEABSTAND 2–3 Tage.

BEBRÜTUNGSBEGINN Mit dem 1. oder 2. Ei.

BRUTDAUER 38 Tage. Zwischen den Partnern eines Brutpaares besteht strenge Aufgabenteilung: Das Weibchen bleibt rund 3 Monate ständig am Nest, bebrütet die Eier, hudert und füttert die kleinen Jungen; gleichzeitig mausert es sehr stark und ist wegen der Lücken in den Flügeln kaum zur Jagd fähig. Das Männchen schafft während dieser Zeit die Nahrung für die ganze Familie herbei. Erst wenn die Jungen etwa 3 Wochen alt sind, beteiligt sich auch das Weibchen am Beutefang.

NESTLINGSDAUER 36–40 Tage. Danach stehen die Junghabichte als „Ästlinge" in der Nähe des Nestes und sind bald darauf voll flugfähig. Sie werden noch 3–4 Wochen von den Eltern mit Beute versorgt, bis sie selbstständig sind und verstreichen.

FORTPFLANZUNGSRATE Bei 80 % erfolgreichen Bruten mit durchschnittlich 2,4 flüggen Jungen kommen pro Paar und Jahr durchschnittlich 1,9 Junge zum Ausfliegen. Generell ist die Fortpflanzungsrate in dünn besiedelten Gebieten größer als in dicht besiedelten. Es findet offenbar eine Selbstregulation statt, indem bei dicht siedelnden Paaren weniger Junge zum Ausfliegen kommen als bei isoliert brütenden Paaren.

ÜBERLEBENSRATEN Im 1. Lebensjahr etwa 60 %, in folgenden Lebensjahren etwa 70 %.

HÖCHSTALTER 20 Jahre in freier Natur, durch Beringung festgestellt; 29 Jahre in Gefangenschaft.

WANDERUNGEN In Mitteleuropa bleiben die Altvögel während des ganzen Jahres in ihrem Jagdgebiet. Nur die Jungvögel streichen umher (im Durchschnitt ca. 30 km weit), bis sie ein eigenes

Habicht-Jungvogel mit der charakteristischen Längsfleckung auf der Brust.

Gelegentlich fressen Habichte auch an Aas: Hier nutzt ein Junghabicht ein verendetes Wildschwein als Nahrung.

Revier gefunden haben. Bei nord- und osteuropäischen Habichten finden dagegen größere Wanderungen statt, mitunter über 1000 km weit.

BESTANDSVERHÄLTNISSE IN EUROPA Der Gesamtbestand des Habichts in Europa wird derzeit auf rund 193 000 Paare geschätzt (166 000–220 000 Paare). Die Hauptvorkommen liegen mit großem Abstand im europäischen Russland, weitere Länder weisen Bestände von mindestens 5000 Paaren auf: Deutschland, Ukraine, Schweden, Polen, Frankreich, Finnland, Spanien und Belarus. Er fehlt wohl in keinem Land Europas als Brutvogel, außer in Island.

BESTANDSGEFÄHRDUNG Von der IUCN wird die Art als „nicht gefährdet" geführt. Die großräumige und langfristige Bestandsentwicklung gilt als unbekannt.

Wegen der intensiven Verfolgung und Dezimierung durch Jäger und Taubenzüchter und wegen der Belastung mit Umweltgiften hatte der Habicht in den 1950er- und 1960er-Jahren so stark abgenommen, dass er in vielen Bereichen als Brutvogel fast völlig fehlte. Erst nach Einführung der ganzjährigen Schonzeit konnte sich der Bestand ab den 1970er-Jahren allmählich wieder erholen. Gegenwärtig werden Habichte wieder häufiger illegal abgeschossen, im Habichtskorb gefangen oder absichtlich bei der Brut gestört. Deshalb nehmen die Bestände in manchen Gebieten wieder ab.

Sperber

— Accipiter nisus 019

EURASIAN SPARROWHAWK – EPERVIER D'EUROPE – GAVILÁN COMÚN
LÄNGE: ♂ ca. 32 cm, ♀ ca. 37 cm
SPANNWEITE: ♂ ca. 62 cm, ♀ ca. 74 cm
GEWICHT: ♂ 125–155 g (ca. 140 g), ♀ 250–325 g (ca. 280 g)

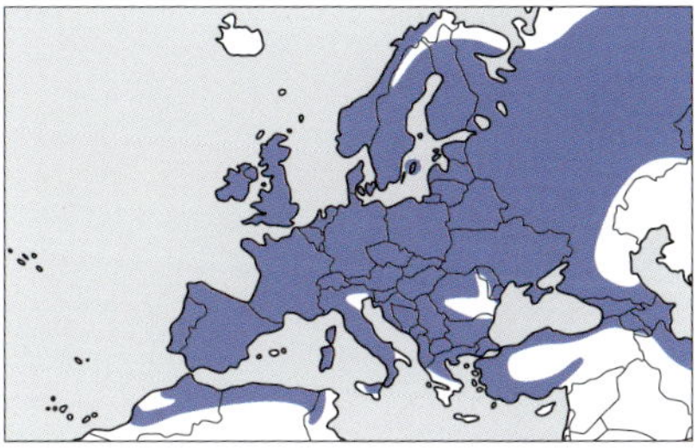

VORKOMMEN IN MITTELEUROPA Flächig verbreitet, aber nur in Gebieten mit Wäldern und Gehölzen, reine Offenlandschaften meidet der Sperber. Außerdem benötigt er reiche Vorkommen von Kleinvögeln, sodass er in den singvogelarmen Kiefernwäldern Ostdeutschlands weniger häufig lebt. Insgesamt ist der Sperber in weiten Bereichen Mitteleuropas aber die dritthäufigste Greifvogelart nach Mäusebussard und Turmfalke.
Im Winterhalbjahr sind in Mitteleuropa auch viele Sperber aus Skandinavien als Durchzügler bzw. Wintergäste zu beobachten, die oft in der Nähe von oder in Ortschaften jagen.
BEOBACHTUNG Sperber kann man zu allen Jahreszeiten überall in Dörfern und Städten beobachten, weil sie gerade im Bereich von menschlichen Siedlungen oft auf Kleinvögel jagen, besonders im Winter in der Nähe von Vogelfutterhäuschen. Meistens sind Begegnungen aber rein zufällig und erfolgen blitzschnell, da Sperber so schnell wieder in der Deckung verschwinden, wie sie von dort aufgetaucht sind.
KENNZEICHEN Der Sperber ist das verkleinerte, schlankere Ebenbild des Habichts, dem er auch in der Flug- und Jagdweise sehr ähnelt: Mit seinen kurzen, breiten und abgerundet endenden Flügeln sowie mit dem langem Schwanz entwickelt er auf kurzen Strecken hohe Geschwindigkeit und Wendigkeit. In noch stärkerem Maße als beim Habicht besteht ein auffallender Größen- und Gewichts-

Adultes Sperber-Männchen im Jagdflug, der sehr wendig auch im Gezweig erfolgen kann.

unterschied zwischen den Geschlechtern: Das Männchen ist deutlich kleiner als das Weibchen und nur etwa halb so schwer.
Mitunter hat man Schwierigkeiten, Sperber-Weibchen im Flug sicher zu erkennen und nicht für Habicht-Männchen zu halten. Hierbei kann der Hinweis helfen, dass die Flügelschläge des Sperbers etwas hastiger wirken als beim Habicht, dessen Flügelschlag kräftiger ist. Vom etwa gleich großen Turmfalken, der lange und spitze Flügel hat, lässt sich der Sperber anhand seiner kurzen und abgerundeten Flügel leicht unterscheiden.
Aus der Nähe gesehen, fällt die dichte Querbänderung der Unterseite – die sogenannte „Sperberung" – auf sowie die langen, dünnen Ständer mit langen Zehen. Der Schwanz zeigt 4 breite dunkle Querbinden. Alte Männchen sind oberseits blaugrau gefärbt, unterseits rostrot quer gebändert, während bei alten Weibchen die Oberseite eine schiefergraue Färbung und die Unterseite eine graubraune Querbänderung aufweist. Die Gefiederfärbung der Jungvögel ähnelt der des Weibchens, ist aber mehr bräunlich.
STIMME Am Nest erregte „gigigig"-Rufreihen und weiche „güh"-Lockrufe. Jungvögel machen sich kurz nach dem Ausfliegen durch laute, oft wiederholte Bettelrufe bemerkbar.
VERBREITUNG Der Sperber bewohnt fast ganz Europa – ausgenommen Island und das nördlichste Skandinavien – und ist in einem breiten Gürtel quer durch Asien bis zum Pazifik verbreitet. Die Nordgrenze des Brutareals fällt etwa mit der Waldgrenze zusammen. Auf Sardinien und Korsika, in Nordwestafrika, auf den Kanaren und Madeira leben isolierte Unterarten. Der europäische Anteil an der weltweiten Verbreitung wird auf 36 % geschätzt.
LEBENSRAUM Stark gegliedertes, deckungsreiches Gelände, in dem Misch- und Nadelwälder mit offenen Flächen abwechseln, sowohl im Flachland als auch im Gebirge bis zur Waldgrenze. Zum Nisten bevorzugt der Sperber Nadelwaldparzellen von Fichten, Kiefern oder Lärchen im Stangenholzstadium, oft gleich nach der ersten Durchforstung. Das Nest kann aber auch auf vereinzelten Fichten in Buchenstangenhölzern stehen. Während des Winterhalbjahres jagt der Sperber häufig in Ortschaften und schlägt dort Kleinvögel an Futterhäuschen.
SIEDLUNGSDICHTE UND REVIERGRÖSSE In günstigen Lebensräumen Mitteleuropas beträgt die Siedlungsdichte 10–20 Brutpaare auf 100 km^2.

Sperber-Weibchen mit angewinkelten Flügeln im schnellen Jagdflug.

Dies entspricht einem Lebensraum von 5–10 km^2 pro Paar. Da in der Regel jedoch nur der Nestbezirk gegen Artgenossen verteidigt wird, können benachbarte Paare oft nur 1 km voneinander entfernt brüten; manchmal beträgt der Abstand zwischen benachbarten Nestern sogar nur wenige Hundert Meter.

JAGDWEISE UND ERNÄHRUNG Die Jagd betreibt der Sperber immer in deckungsreicher Landschaft, entweder vom Ansitz aus oder in niedrigem Suchflug, z. B. an Hecken entlang, wobei er den Überraschungseffekt nutzt. Aufgescheuchte Kleinvögel verfolgt er sehr rasant und wendig. Er jagt so ungestüm, dass er einen Vogel mitunter sogar durch ein offen stehendes Fenster hindurch verfolgt. Dabei kann es vorkommen, dass er selbst verunglückt, indem er z. B. gegen eine Fensterscheibe prallt. Mit seinen langen, dünnen Ständern und auffallend langen Zehen versucht er Beutetiere in jeder Situation zu greifen, auch noch zu Fuß und im Dickicht umherspringend. Während des ganzen Jahres bilden fast ausschließlich Kleinvögel seine Nahrung. Dabei dominieren häufige Arten wie Sperlinge, Drosseln, Finken, Meisen, Lerchen, Ammern und Stare. Wenn es im Herbst viele Feldmäuse gibt, erbeutet er auch diese.

FORTPFLANZUNG Sperber sind bereits im Alter von 10 Monaten geschlechtsreif, wenn sie noch das Jugendkleid tragen. Solche Jungvögel haben aber geringeren Bruterfolg als ältere Sperber.

Adultes Sperber-Männchen rupft einen erbeuteten Kleinvogel.

Noch nicht voll ausgefärbtes Sperber-Weibchen (erkennbar an der braunen Fleckung) bei der Fütterung seiner Jungen auf dem Nest, das aus feinem Reisig in dichtem Gezweig errichtet wird.

Ein geeignetes Brutrevier ist oft über mehrere Jahre hinweg besetzt. Doch wird alljährlich ein neues Nest gebaut, meist ganz in der Nähe vorhandener, älterer Nester. Vorwiegend sind es Stellen in der Nähe von Schneisen, Wegen oder Bachläufen, die freien An- und Abflug ermöglichen. Das Nest wird in der Regel auf Nadelbäumen in mittlerer Höhe, dicht am Stamm erbaut, ganz selten auch auf Laubbäumen. Im Gegensatz zum Habicht belegt der Sperber seinen Horst nicht mit grünen Zweigen. Da das Weibchen gleichzeitig mit der Eiablage stark zu mausern beginnt, findet man in der Nähe des Nestes oft die Mauserfedern. Ein besetztes Nest erkennt man an den vielen anhaftenden weißen Dunen.

LEGEBEGINN Ende April bis Mitte Mai.
GELEGEGRÖSSE 3–6 rundliche Eier (39 × 32 mm; 23 g), die auf bläulich weißem Grund mehr oder weniger stark dunkelbraun gefleckt sind.
LEGEABSTAND 2 Tage.
BRUTDAUER 31–36 Tage, im Mittel 33 Tage. Es brütet allein das Weibchen, das vom Männchen mit Nahrung versorgt wird. Der Beuteübergabeplatz liegt in Sichtweite des Nestes. Während das Weibchen dort kröpft, bedeckt das Männchen das Gelege. Auch das Hudern der Jungen und deren Fütterung mit der vom Männchen gebrachten Beute obliegt allein dem Weibchen.
NESTLINGSDAUER 26–30 Tage. Nach dem Ausfliegen bleiben die Jungen noch 2–3 Wochen in der Nähe des Nestes, das weiterhin als Beuteübergabeplatz dient. Wenig später fangen die Jungen an, selbstständig zu jagen.
FORTPFLANZUNGSRATE Bei 80 % erfolgreichen Bruten mit durchschnittlich 3,6 flüggen Jungen kommen somit pro Paar und Jahr durchschnittlich 2,9 Junge zum Ausfliegen.
ÜBERLEBENSRATEN Im 1. Lebensjahr nur etwa 40 %, in späteren Lebensjahren etwa 65 %.
HÖCHSTALTER 20 Jahre in freier Natur, durch Beringung nachgewiesen.
WANDERUNGEN In Mitteleuropa ist der Sperber Strich- und Zugvogel; teils überwintert er im Brutgebiet, teils zieht er im Herbst in südwestlicher Richtung ab und verbringt den Winter in Frankreich oder Spanien. Wegzug ab Ende August, hauptsächlich im Oktober. Rückkehr ins Brutgebiet zwischen Mitte März und Anfang April.
BESTANDSVERHÄLTNISSE IN EUROPA Der Gesamtbestand des Sperbers in Europa wird derzeit auf rund 493 000 Paare geschätzt (403 000–582 000 Paare). Die Hauptvorkommen liegen im europäischen Russland, gefolgt von Frankreich und Großbritannien, Mitteleuropa sowie Nord- und Nordosteuropa.
BESTANDSGEFÄHRDUNG Von der IUCN wird die Art als „nicht gefährdet" geführt. Es wird angenommen, dass der Bestand stabil ist. Für einen Rückgang oder erhebliche Bedrohungen gibt es aktuell keine Anhaltspunkte. Lokal können zur Brutzeit Durchforstungsarbeiten die Bruten gefährden. In den 1960er-Jahren war der Bestand des Sperbers in Mitteleuropa weitgehend zusammengebrochen, weil er als Kleinvogeljäger sehr stark mit Bioziden belastet war. Diese Belastung äußerte sich in erhöhter Sterblichkeit der Embryonen sowie im Zerbrechen der Eier infolge von Dünnschaligkeit. Wegen der erhöhten Mortalität und des fehlenden Nachwuchses nahm der Bestand stark ab. Nach dem Verbot der Anwendung bestimmter Biozide hat sich der Bestand seit Mitte der 1970er-Jahre erholt.

Kurzfangsperber

— Accipiter brevipes 020

LEVANT SPARROWHAWK – EPERVIER À PIEDS COURTS – GAVILÁN GRIEGO
LÄNGE: 32–35 cm
SPANNWEITE: ♂ ca. 70 cm, ♀ ca. 80 cm
GEWICHT: ♂ ca. 175 g, ♀ ca. 230 g

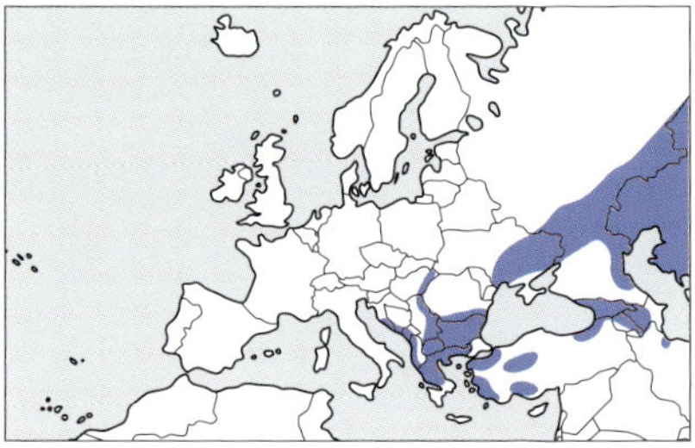

VORKOMMEN IN MITTELEUROPA Abgesehen von wenigen Brutplätzen im östlichen Ungarn kommt der Kurzfangsperber in Mitteleuropa nicht vor und ist auch als Gast nur wenige Male in Tschechien und in Polen festgestellt worden.
BEOBACHTUNG Der Kurzfangsperber ist in Griechenland ein relativ häufiger Brutvogel. Auf dem Zug ins afrikanische Winterquartier ist er in Israel bei Eilat in großen Ansammlungen gut zu beobachten.

KENNZEICHEN Im Unterschied zum Sperber, dem er allgemein sehr ähnlich ist, wirkt der Kurzfangsperber schlanker und hat spitzere Flügel. Im Flug kann man ihn vor allem an den schwarzen Flügelspitzen erkennen. Der Schwanz hat 5–6 dunkle Binden (anstatt 4–5 beim Sperber); jedoch sind die beiden mittleren Schwanzfedern bei Altvögeln einfarbig, d. h. ohne dunkle Binden. Der Größenunterschied der Geschlechter ist geringer als beim Sperber.
Das alte Männchen ist oberseits blaugrau, unterseits hell mit blass rostroter Querstreifung, wobei das alte Weibchen oberseits braun ist und unterseits eine kräftige rostrote Querbänderung zeigt. Jungvögel erkennt man an den dunkelbraunen, tropfenförmigen Längsflecken auf der sonst weißen Körperunterseite. Die Iris der Augen ist bei Jungvögeln graubraun, bei Altvögeln rotbraun.

Kurzfangsperber-Männchen hat einen frisch belaubten Zweig zum Nest gebracht.

STIMME Ganz anders als beim Sperber, nämlich Reihen von „ku-ik"oder „kewek"-Lauten, die auf der 2. Silbe betont und oft im Stakkato geäußert werden.

VERBREITUNG Südosteuropa und Vorderasien bis nach Iran. Der europäische Anteil an der weltweiten Verbreitung wird auf rund 85 % geschätzt.

LEBENSRAUM Im Gegensatz zum Sperber ein ausgesprochener Laubwaldbewohner, gern in der Nähe von Gewässern.

SIEDLUNGSDICHTE UND REVIERGRÖSSE Kürzeste Entfernung zwischen 2 besetzten Nestern etwa 100 m. Reviergröße unbekannt.

JAGDWEISE UND ERNÄHRUNG Jagt wie der Sperber im Suchflug mit Überraschungsangriffen an Wald- und Heckenrändern und an mit Gebüschen bewachsenen Hängen, aber auch vom Ansitz aus. Die Nahrung ist vielseitiger als beim Sperber und kann in der Brutzeit überwiegend aus Mäusen und Eidechsen bestehen; daneben werden auch Kleinvögel und größere Insekten erbeutet.

FORTPFLANZUNG Geschlechtsreife im Alter von 1 Jahr. Nach der Ankunft am Brutplatz (im Karpatenbecken meist erst im Mai) baut das Paar aus dünnen Zweigen ein ziemlich kleines Nest, stets im Kronenbereich von Laubbäumen, meist Eichen. Das Nest wird mit grünen Zweigen oder Blättern ausgelegt.

LEGEBEGINN 2. Maihälfte.

GELEGEGRÖSSE 3–5, meist 4 bläulich weiße, ungefleckte Eier (40 × 32 mm; 22 g), die das Weibchen allein bebrütet, während das Männchen Nahrung zuträgt.

BRUTDAUER Nicht genau bekannt, schätzungsweise 30–35 Tage.

NESTLINGSDAUER Nicht genau bekannt, schätzungsweise 40–45 Tage. Nach dem Ausfliegen werden die Jungen noch etwa 2 Wochen von den Eltern betreut.

Kurzfangsperber-Weibchen am Nest bei der Fütterung der drei ca. 20 Tage alten Jungen. Daneben ein Ei, aus dem kein Küken geschlüpft ist.

Das Männchen (vorn) hat dem Weibchen (hinten) eine Beute übergeben.

ÜBERLEBENSRATEN unbekannt
HÖCHSTALTER unbekannt
WANDERUNGEN Zugvogel, der in Afrika (Sudan, Äthiopien) überwintert. Wegzug Mitte August bis Mitte September mit großen Ansammlungen am Bosporus (Durchzugshöhepunkt in der 2. und 3. Septemberwoche). Heimzug im April.
BESTANDSVERHÄLTNISSE IN EUROPA Der Gesamtbestand des Kurzfangsperbers in Europa wird derzeit auf rund 5200 Paare geschätzt (3500–6900 Paare). Die Hauptvorkommen liegen im europäischen Russland (> 2000 Paare) sowie in Südosteuropa (Griechenland, Bulgarien, Rumänien, übrige Balkanländer).
BESTANDSGEFÄHRDUNG Von der IUCN wird die Art als „nicht gefährdet" geführt. Im Gesamtverbreitungsgebiet wird angenommen, dass die Bestände stabil sind, da es keine Anhaltspunkte für einen Rückgang oder erhebliche Bedrohungen gibt. In Europa ist die aktuelle Entwicklung unbekannt.

Rotmilan

— *Milvus milvus* 021

RED KITE – MILAN ROYAL – MILANO REAL

LÄNGE: ca. 67 cm
SPANNWEITE: ca. 162 cm
GEWICHT: ♂ 960 g, ♀ 1250 g

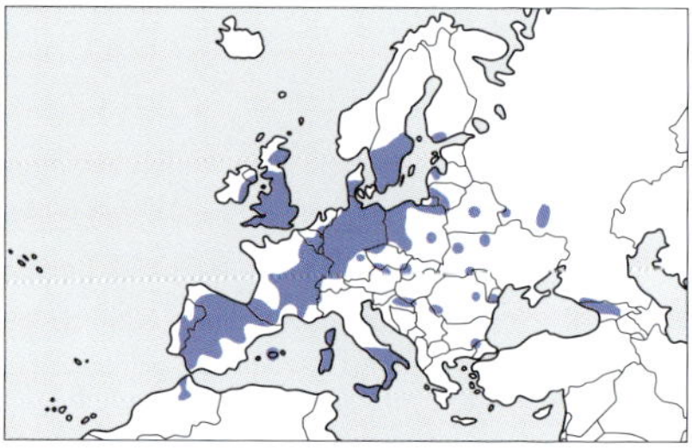

VORKOMMEN IN MITTELEUROPA Der Rotmilan hat sein bedeutendstes Vorkommen mit insgesamt mehr als 15 000 Paaren in Mitteleuropa, was ungefähr 60 % des Gesamtbestandes der Welt entspricht. Aufgrund neuester Schätzungen umfasst der Bestand allein in Deutschland ca. 15 000 Paare; die größten Bestände leben in Sachsen-Anhalt, Baden-Württemberg, Brandenburg und in Mecklenburg-Vorpommern. Hier kommt er bevorzugt in offenen und reich strukturierten Landschaften vor. Der Großteil der heimischen Brutvögel verbringt den Winter hauptsächlich in Südwesteuropa, seit einigen Jahrzehnten werden auch in Mitteleuropa in zunehmendem Maße Überwinterungen beobachtet, und zwar in Bereichen, wo dies vom Nahrungsangebot her möglich ist. Allein in der Schweiz werden aktuell mehr als 4000 Überwinterer gezählt. Die Vögel übernachten in überwiegender Zahl an gemeinschaftlichen Schlafplätzen.

BEOBACHTUNG Da der Rotmilan einen großen Teil des Tages mit kilometerweiten Flügen auf der Suche nach Nahrung verbringt, ist er in den Gebieten seines Vorkommens sehr häufig zu be-

ad.

ad.

Rotmilane finden sich oft in geselligen Schlaf- und Ruhegemeinschaften ein.

Mit akrobatischen Flugkünsten jagen sich Rotmilane immer wieder auch gegenseitig Nahrung ab.

obachten. Mit seinem schönen Flugbild ist er eine besonders eindrucksvolle Greifvogelgestalt und ein sehr belebendes Element in der Landschaft. Dichtezentren des Rotmilans sind das nördliche Vorland des Harzes in Sachsen-Anhalt und die Schwäbische Alb in Baden-Württemberg. Hier sind Rotmilane nahezu ganzjährig zu beobachten. Besonders viele Rotmilane sammeln sich im Sommerhalbjahr dort, wo gerade Wiesen gemäht werden, auf denen es dann viel Nahrung für sie gibt.

KENNZEICHEN Im Flug zeigen die langen, etwas gewinkelten Flügel unterseits einen großen, weißen Fleck vor den schwarzen Spitzen der Handschwingen. Das Hauptkennzeichen ist die tiefe Gabelung des langen, fuchsroten Schwanzes; darauf ist auch der volkstümliche Name „Gabelweihe" zurückzuführen. Aufgrund dieses Merkmals sind Verwechslungen mit anderen Arten ausgeschlossen. Beim Schwarzmilan ist der Schwanz weniger eingekerbt und nicht rötlich, sondern graubraun. Die Gefiederfärbung ist oberseits rostbraun mit helleren Federsäumen, unterseits rostrot mit schwarzen Schaftstrichen. Der Kopf ist bei Altvögeln weißlich mit dunkler Strichelung, bei Jungvögeln dagegen mehr rotbraun.

STIMME Vor allem in der Nähe des Brutplatzes ist ein lang gezogenes, trillerndes „gliehihihihi" zu hören; der Warnruf klingt wie „biijö-biwitt".

VERBREITUNG Im Vergleich zum Schwarzmilan hat der Rotmilan ein sehr kleines Brutareal. Es erstreckt sich von den Kanarischen Inseln, Nordwestafrika und der Iberischen Halbinsel über Süd- und Mitteleuropa bis nach Südschweden und in die westlichen Randgebiete der Ukraine und von Belarus. Außerdem gibt es aktuell ein großes Vorkommen in Großbritannien. Der europäische Anteil an der weltweiten Verbreitung wird auf 97 % geschätzt.

LEBENSRAUM Offene Landschaft mit Feldgehölzen, Siedlungen und Wäldern, die lichte Altholzbestände zum Brüten aufweisen. Als ausgeprägter Segelflieger brütet er gern auch an bewaldeten Berghängen, z. B. über Flusstälern, aber im Gegensatz zum Schwarzmilan, der stärker an Gewässer gebunden ist, auch fern von Gewässern in trockenen, hügeligen Gegenden. Die Suchflüge nach Nahrung erstrecken sich vom Nest aus kilometerweit über das Land und erfolgen oft auch über Ortschaften.

SIEDLUNGSDICHTE UND REVIERGRÖSSE Vor allem in Landschaften mit einem hohen Anteil an landwirtschaftlicher Nutzung hat der Rotmilan eine hohe Siedlungsdichte. Besonders dicht besiedelt war der Hakel in der Magdeburger Börde, ein 13 km^2 großes Waldgebiet, in dem im Jahr 1979 insgesamt 136 Paare brüteten, also durchschnittlich 10 Paare auf 1 km^2. Hier kamen ein großes Nahrungsangebot und optimale Brutmöglichkeiten zusammen. Gegenwärtig gibt es in verschiedenen Landschaften in Deutschland Dichten um 15 Brutpaare auf 100 km^2, seltener auch über 20. Diese Beispiele zeigen, dass der Rotmilan ähnlich wie der Schwarzmilan in sehr enger Nachbarschaft zu Artgenossen und auch zu anderen Greifvogelarten brüten kann.

Die Nahrungsflüge erstrecken sich jedoch im Mittel bis 5 km weit vom Brutplatz, maximal sogar bis 12 km weit. In strukturreichen Räumen sind die beflogenen Gebiete um 10 km^2 groß.

JAGDWEISE UND ERNÄHRUNG Die aktive Jagd und Nahrungssuche betreibt der Rotmilan ausschließlich aus dem Suchflug über offenen Flächen der Kulturlandschaft, indem er täglich ein sehr großes Areal in relativ geringer Höhe überfliegt, vorwiegend im Gleit- und Segelflug. Sobald er eine Beute erspäht hat, nimmt er diese meist im Darüber-Hinweggleiten blitzschnell zugreifend mit, ohne sich auf den Erdboden niederzulassen.

Im Winter gibt es bei Rotmilanen oft Auseinandersetzungen um die knappe Nahrung.

Aktiv erbeutet er auf diese Weise vor allem Kleinsäuger (z. B. Mäuse und Hamster – wo diese noch vorkommen) sowie kleine bis mittelgroße Vögel (häufig Jungtiere). Einen bedeutenden Anteil machen hieran auch Verkehrs- und Mahdopfer aus. Aas und Fleischabfälle werden ebenfalls oft angenommen, besonders innerhalb von Ortschaften. Gelegentlich kann der Rotmilan andere fliegende Greifvögel, die Beute tragen, so sehr bedrängen, dass sie die Beute fallen lassen. An Gewässern nimmt er auch Fische, jedoch seltener als der Schwarzmilan. Generell ist die Ernährung des Rotmilans sehr vielseitig und passt sich den örtlichen Möglichkeiten an.

FORTPFLANZUNG Die Geschlechtsreife wird z. T. erst im Alter von 3 Jahren erreicht. Die Paare sind sehr reviertreu und vollführen Ende März bis Anfang April eindrucksvolle Balzflüge über ihrem Brutplatz. Das Nest wird hoch auf alten Bäumen, oft in den Randzonen von Wäldern, gern in lichten Beständen von Eichen, Buchen oder Kiefern errichtet. Häufig wird es über mehrere Jahre hinweg benutzt, gelegentlich aber auch ein vorhandenes Nest (z. B. vom Mäusebussard) angenommen und ausgebessert. Typisch für beide Milanarten ist die Auskleidung der Nestmulde mit Papier, Plastikfetzen, Lumpen, Fellstücken und ähnlichen Fundgegenständen.

LEGEBEGINN Ab Ende März, mit Höhepunkt um Mitte April.

GELEGEGRÖSSE Meist 2 oder 3, seltener 4 Eier (57 × 45 mm; 61 g), die auf trübweißem Grund mehr oder weniger stark rötlich braune Flecken und charakteristische dunkle Schnörkel zeigen.

Verkehrsopfer werden von Rotmilanen häufig als Nahrungsquelle genutzt.

LEGEABSTAND 2–3 Tage.

BRUTDAUER 32 Tage. Es brütet allein das Weibchen, das vom Männchen mit Nahrung versorgt und dann auch für kurze Zeit beim Brüten abgelöst wird. Da vom 1. Ei ab gebrütet wird, schlüpfen die Jungen entsprechend dem Legeabstand. Sie werden bis zum Alter von etwa 2 Wochen vom Weibchen gehudert und bewacht, während das Männchen für die Ernährung der ganzen Familie sorgt. Danach beteiligt sich auch das Weibchen an der Nahrungsbeschaffung.

NESTLINGSDAUER 48–54 Tage. Nach dem Ausfliegen werden die Jungen noch bis zu 4 Wochen von den Eltern betreut.

FORTPFLANZUNGSRATE Durchschnittlich 1,7 Junge pro Paar und Jahr.

ÜBERLEBENSRATEN Im 1. Lebensjahr ca. 60 %, im 2. ca. 75 %, in späteren Lebensjahren über 80 %. Neueste Untersuchungen haben einen langfristigen Rückgang der Überlebensraten erstjähriger Rotmilane in der deutschen Population um 40 % seit den 1970er-Jahren bis heute ergeben.

HÖCHSTALTER 28 Jahre in freier Natur (durch Beringung festgestellt), 38 Jahre in Gefangenschaft.

WANDERUNGEN Südeuropäische Populationen sowie die britische sind Standvögel, während mitteleuropäische Rotmilane großenteils Zugvögel sind, die hauptsächlich in Südfrankreich, Spanien und Portugal überwintern. Seit einigen Jahrzehnten kommen jedoch Überwinterungen auch in Mitteleuropa vor, ebenso in Südschweden, wo dies durch das Auslegen von Fleisch gefördert wird. Der Wegzug aus dem mitteleuropäischen Brutgebiet erfolgt ab Mitte August mit Höhepunkt im September/Oktober. Der Heimzug findet ab Ende Februar und hauptsächlich im März statt.

BESTANDSVERHÄLTNISSE IN EUROPA Der Gesamtbestand des Rotmilans in Europa wird derzeit auf rund 29 000 Paare geschätzt (25 200–33 400 Paare). Das Hauptvorkommen liegt in Mitteleuropa, weitere Verbreitungszentren befinden sich in Frankreich und Spanien. Im übrigen Südeuropa sind die Bestände gering; auf der Balkanhalbinsel und in Osteuropa fehlt der Rotmilan fast völlig. Dagegen nehmen die Bestände in Schweden (ca. 2000 Paare) und in Dänemark (ca. 200 Paare) weiter zu. Das Brutvorkommen in Großbritannien, das durch Auswilderungen wiedergegründet bzw. verstärkt wurde, umfasst aktuell ca. 1800 Paare.

Der Altvögel hat den großen Jungen Nahrung gebracht und beobachtet die Nestumgebung.

BESTANDSGEFÄHRDUNG Die ehemals großen Brutbestände in Frankreich und Spanien haben in den letzten Jahren teilweise dramatisch abgenommen. Die hauptsächlichen Gefährdungsfaktoren sind die Verschlechterung der Nahrungsverfügbarkeit und der Rückgang der Überlebensraten der Jungvögel. Menschliche Störungen an Brutplätzen, Kollisionen mit Autos, Stromschlag an ungesicherten Masten von Mittelspannungsleitungen, inzwischen häufige Unfälle durch Rotorschlag an Windenergieanlagen, Vergiftung durch Auslegen von Ködern und andere illegale Verfolgung kommen hinzu.

Nest, mit Papier, Lumpen und Fetzen aller Art ausgekleidet.

Schwarzmilan

— Milvus migrans 022

BLACK KITE – MILAN NOIR – MILANO NEGRO

LÄNGE: ca. 57 cm
SPANNWEITE: ca. 150 cm
GEWICHT: ♂ 810 g, ♀ 850 g

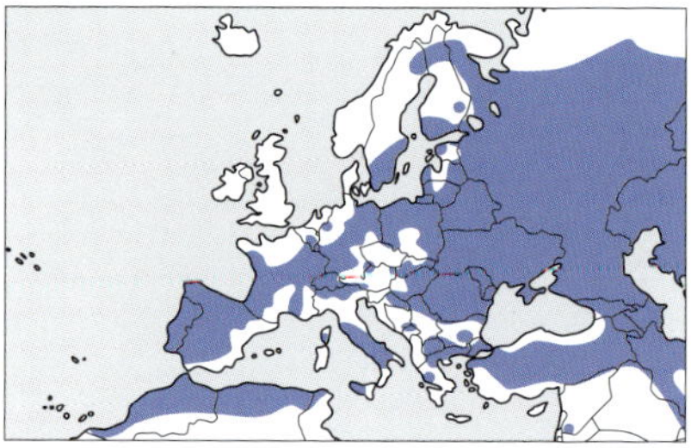

VORKOMMEN IN MITTELEUROPA Der Schwarzmilan kommt in einem Band vor, das sich von Polen aus bis nach Südwesteuropa mit Schwerpunkten in Deutschland und in der Schweiz erstreckt. Demgegenüber brüten in den Benelux-Staaten, in Österreich, in der Slowakei, in Tschechien sowie in Ungarn deutlich weniger Paare. Er bevorzugt halboffene, gewässerreiche Landschaften, die von Wäldern gesäumt oder mit Feldgehölzen und Baumreihen bestanden sind.

BEOBACHTUNG Als Zugvogel kann er bei uns nur von März bis August (September) beobachtet werden. Geeignete Gelegenheiten zur Beobachtung sind landwirtschaftliche Arbeiten (Umbruch, Mahd, Ernte) oder in Teichgebieten und an anderen Gewässern. An den Konzentrationspunkten des Vogelzuges, z. B. in Gibraltar oder am Bosporus, können Schwarzmilane oft zu Tausenden gleichzeitig beobachtet werden – ein beeindruckender Anblick!

KENNZEICHEN Etwas größer als der Mäusebussard, mit langen, ziemlich breiten Flügeln und langem Schwanz, der am Ende kaum eingekerbt ist. Die Gefiederfärbung ist überwiegend dunkelbraun; nur der Kopf ist etwas heller mit dunkler Strichelung. Im Flug bilden die schwache Einkerbung des Schwanzes und die fast einheitliche

Schwarzmilan fliegt mit einem Beutefisch (Rotfeder) davon, den er im Überflug von der Wasseroberfläche gegriffen hat.

An gemeinsamen Sammel- und Ruheplätzen kommen Schwarzmilane und Rotmilane zusammen.

Im Flugbild des Schwarzmilans ist das Schwanzende im Gegensatz zum Rotmilan nur schwach oder gar nicht eingekerbt.

dunkle Färbung leicht erkennbare Unterscheidungsmerkmale zum Rotmilan. Die großen Unterflügelfelder an der Basis der Hand- und äußeren Armschwingen sind beim Schwarzmilan nicht so hell wie beim Rotmilan. Jungvögel haben im Vergleich zu Altvögeln einen etwas helleren Körper und helle Säume der Federn des Großgefieders. Sie wirken ringsum getropft.

STIMME Am Brutplatz sind oft trillernde Rufreihen zu hören, die denen des Rotmilans ähneln.

VERBREITUNG Der Schwarzmilan bewohnt in 6 Unterarten große Bereiche Europas, Asiens und Afrikas sowie Teile von Neuguinea und Australien. Er wird als die weltweit häufigste Greifvogelart betrachtet. In Europa verläuft die Nordwestgrenze seiner Verbreitung von Mittelfrankreich durch Luxemburg, Niedersachsen und Schleswig-Holstein zum südlichen Finnland. Er fehlt also auf den Britischen Inseln, in Dänemark und Skandinavien. Je-

Von erhöhten Punkten aus beobachten Schwarzmilane die Umgebung und starten neue Nahrungsflüge.

Bei der Nahrungssuche können Schwarzmilane enge Wendungen im Flug ausführen.

doch gibt es ein isoliertes Brutvorkommen von ca. 5 Paaren in Norbotten/Nordschweden. Der europäische Anteil an der weltweiten Verbreitung wird auf 11 % geschätzt.

LEBENSRAUM Landschaften mit Seen und/oder Flusstälern, wo er meist in der Nähe in altem Waldbestand brütet, manchmal auch in größerer Entfernung von den Gewässern. In manchen Gegenden Deutschlands auch in der Gefildelandschaft mit Agrarraum, Siedlungen und Gehölzstrukturen.

SIEDLUNGSDICHTE UND REVIERGRÖSSE Da der Schwarzmilan recht gesellig ist und nur die engere Nestumgebung gegen Artgenossen verteidigt, kann die Siedlungsdichte in günstigen, nahrungsreichen Lebensräumen sehr hoch sein. So sind auf einer Untersuchungsfläche von 484 km² am Neuenburger See (Schweiz) im Jahr 1968 insgesamt 337 besetzte Nester gefunden worden, also 69 Paare auf 100 km²; in den unmittelbar am See gelegenen Uferwäldern war die Siedlungsdichte mit 17 Paaren auf 1 km² noch wesentlich höher. Normalerweise ist die Siedlungsdichte wesentlich geringer. Die Jagdflüge erstrecken sich vom Nest aus mehrere Kilometer weit. Brütet nicht selten in direkter Nachbarschaft zum Rotmilan mit geringsten Abständen bis 30 m.

JAGDWEISE UND ERNÄHRUNG Der Schwarzmilan sucht seine Nahrung im langsamen, niedrigen Suchflug über Wasserflächen und offenem Gelände, auch über Ortschaften. Häufig nimmt er tote oder kranke Fische von der Wasseroberfläche auf. Außerdem geht er gern an Aas und schmarotzt bei anderen Vogelarten, denen er die Beute abjagt. Aktiv erbeutet er Kleinsäuger und Vögel (meist Jungtiere); gelegentlich nimmt er auch Amphibien, Insekten und Regenwürmer vom Boden auf.

FORTPFLANZUNG Die Geschlechtsreife wird – erstaunlicherweise – erst im Alter von 4 Jahren erreicht. Die Partner eines Paares sind wegen der ausgeprägten Reviertreue oft über Jahre hinweg dieselben. Gleich nach der Ankunft im Brutrevier (in Mitteleuropa Ende März/Anfang April) finden eindrucksvolle Balzflüge statt. Das Nest wird hoch auf einem alten Baum erbaut, meist nicht weit vom Waldrand entfernt. Gern nistet der Schwarzmilan in der Nähe von Graureiher- oder Kormorankolonien, weil er dort heruntergefallene Fische aufnehmen kann. Wie für den Rotmilan ist es auch für den Schwarzmilan typisch, dass die Nestmulde mit Schafwolle und Lumpen, Papier und Plastikfetzen ausgekleidet wird.

LEGEBEGINN Ab Mitte April, meist Anfang Mai.

GELEGEGRÖSSE In der Regel 2 oder 3, selten 4 Eier (54 × 42 mm; 55 g), die auf kalkweißem Grund kleinere und größere rotbraune Flecken und Schnörkel zeigen.

LEGEABSTAND 2–3 Tage.

BEBRÜTUNGSBEGINN Nach dem 1. Ei.

BRUTDAUER 26–38, im Mittel 32 Tage. Es brütet normalerweise allein das Weibchen, dem auch die Jungenpflege obliegt, während das Männchen Nahrung herbeiträgt.

NESTLINGSDAUER 42–45 Tage. Nach dem Ausfliegen werden die Jungen noch etwa 6 Wochen lang von den Eltern betreut.

FORTPFLANZUNGSRATE Im Mittel 1,3 flügge Junge pro Paar und Jahr.

ÜBERLEBENSRATEN Jährlich zwischen 60 und 70 %.

HÖCHSTALTER 24 Jahre in freier Natur, durch Beringung nachgewiesen.

WANDERUNGEN Zugvogel, der überwiegend in Afrika südlich der Sahara überwintert, vereinzelt auch in Südeuropa. Der Wegzug beginnt z. T. schon Ende Juli und hat bei Gibraltar seinen Höhe-

Vor dem Überflug über die Straße von Gibraltar sammeln sich unzählige Milane in Südspanien bei Tarifa.

punkt zwischen Mitte August und Mitte September. Jedoch wird das Mittelmeer auch an allen möglichen anderen Stellen auf breiter Front überquert. Der Heimzug ist im Mittelmeerraum hauptsächlich in der 2. Märzhälfte zu beobachten; aber auch noch zwischen Mitte April und Anfang Mai, wobei es sich überwiegend um noch nicht geschlechtsreife Vögel handelt.

BESTANDSVERHÄLTNISSE IN EUROPA
Der Gesamtbestand des Schwarzmilans in Europa wird derzeit auf rund 95 000 Paare geschätzt (81 200–109 000 Paare). Die Hauptvorkommen liegen im europäischen Russland sowie in Frankreich und Spanien mit jeweils mehr als 10 000 Paaren. Auch in Deutschland leben rund 8000 Paare. Abseits dieser Vorkommen nur wenige Dutzend bis hundert Paare.

BESTANDSGEFÄHRDUNG Von der IUCN wird die Art als „nicht gefährdet" geführt. In Europa ist die Bestandsentwicklung unbekannt, was für Teile des Gesamtverbreitungsgebietes ebenso gilt. Hier liegen aus verschiedenen Ländern sowohl Angaben zu Zunahmen als auch zu Abnahmen vor. Die hauptsächlichen Gefährdungsfaktoren sind Vergiftung und Abschuss sowie Veränderungen des Lebensraumes (Nutzungs- und Bewirtschaftungsintensivierungen, Rückgang von Beutetieren, Modernisierung von Städten).

Adulter Schwarzmilan steht am Boden bei einem Gewässer und sichert mit erhobenem Kopf in die Umgebung.

Seeadler

— Haliaeëtus albicilla 023

WHITE-TAILED EAGLE – PYGARGUE À QUEUE BLANCHE – PIGARGO EUROPEO
LÄNGE: 77–95 cm
SPANNWEITE: ♂ ca. 210 cm, ♀ ca. 230 cm
GEWICHT: ♂ 4100–4600 g, ♀ 5200–6900 g

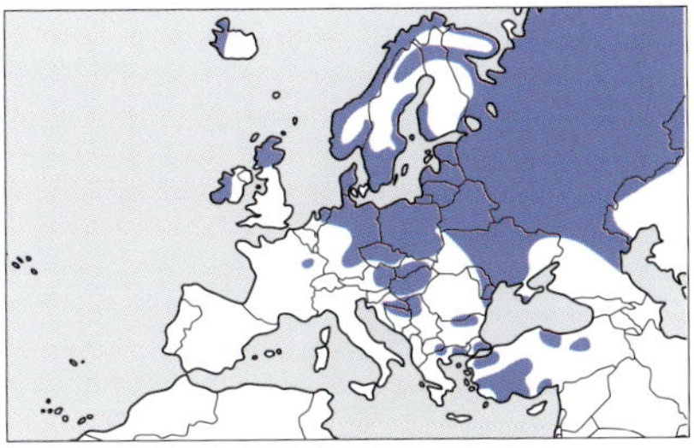

VORKOMMEN IN MITTELEUROPA Die Küsten-, Seen- und Flusslandschaften in Nord- und Ostdeutschland sowie im nördlichen Polen sind in Mitteleuropa die Hauptgebiete mit Seeadler-Brutvorkommen. Daneben gibt es ein kleines neues Vorkommen in den Niederlanden und etwas größere, wachsende Bestände weiter südöstlich in Bayern, Tschechien, in der Slowakei, Österreich und Ungarn. Oft finden sich Seeadler an Flussläufen oder Teichgebieten ein, in deren Nähe sie in ruhigen Wäldern ihre großen Horste errichten, gelegentlich auch auf Einzelbäumen in der offenen Landschaft.

BEOBACHTUNG Innerhalb Deutschlands gibt es die größten Brutbestände des Seeadlers in Mecklenburg-Vorpommern und Brandenburg, sodass man dort während des ganzen Jahres am ehesten das Glück hat, Seeadler in freier Natur beobachten zu können. Ansonsten sind an Gewässern mit vielen Wasservögeln auch während der Wintermonate Seeadler zu sehen, auch außerhalb des Brutareals.

KENNZEICHEN Im Flug ist der Seeadler an seiner auffallenden Größe, mit fast 2,5 m Spannweite, an den breiten, brettartigen Flügeln, die an der Spitze stark gefingert sind, sowie am relativ kurzen, keilförmigen Schwanz zu erkennen. Der Schwanz ist bei Altvögeln schneeweiß, während

Hier hat der adulte Seeadler eine Rotfeder von der Wasseroberfläche abgesammelt.

er bei Jungvögeln zunächst dunkel ist und erst im Verlauf von mehreren Mausern weiß wird. Bei Altvögeln fällt auch der mächtige gelbe Schnabel auf, dazu der gelblich weiße Kopf und Hals; die sonstige Gefiederfärbung ist dunkelbraun bis fahlbraun, denn Rücken und Flügeldecken sind oft stark ausgebleicht. Weibchen sind größer als Männchen, was man aber oft nur erkennen kann, wenn man beide nebeneinander sieht. Jungvögel sind dunkler als Altvögel, vor allem Kopf, Schnabel und Schwanz.

STIMME Seeadler sind während des ganzen Jahres sehr ruffreudig. Das Männchen ruft ein lautes, ansteigendes „krick-rick-rick-rick“, das Weibchen etwas tiefer „rack-rack-rack“, oft 10 und mehr Rufe nacheinander. Häufig lassen die Partner eines Paares diese Rufreihen im Wechseltakt hören. Daneben gibt es noch einige andere Lautäußerungen. Auch an Gemeinschaftsplätzen wird bei Ankunft neuer Adler oder im Streit um Nahrung oft gerufen.

VERBREITUNG Isolierte Populationen in Südwestgrönland und Nordwestisland. Das Hauptareal erstreckt sich von Skandinavien, Mittel- und Südosteuropa sowie der Türkei ostwärts in einem breiten Gürtel quer durch Russland bis zu den Küsten Ostasiens; dort ist die Art von der Anadyr-Bucht bis nach Nordostchina verbreitet. Der europäische Anteil an der weltweiten Verbreitung wird auf 63 % geschätzt.

LEBENSRAUM Auf Island, in Norwegen und im Ostseeraum lebt der Seeadler vorwiegend an Meeresküsten, während er in den übrigen Bereichen seines europäischen Verbreitungsgebietes an Seen oder Flüssen im Binnenland wohnt. Dies trifft auch für eine Population von ca. 25 Paaren in Schwedisch-Lappland zu. Wesentliche Voraussetzungen sind, dass die Gewässer ein reiches Angebot an Wasservögeln und Fischen beherbergen und dass in nicht zu großer Entfernung geeignete Altholzbestände bzw. Küstenfelsen zum Brüten vorhanden sind.

SIEDLUNGSDICHTE UND REVIERGRÖSSE In optimalen Gebieten, z. B. in Bereichen der Mecklenburgischen Seenplatte, in Nordostbrandenburg bis in die Heide- und Teichlandschaft der sächsischen Oberlausitz kann die Siedlungsdichte bis 10 Brutpaare auf 100 km^2 betragen. Auf einer nur 22 km^2 großen norwegischen Insel, die riesige Brutkolonien von Seevögeln beherbergt, brüten 8–9 Paare Seeadler. Normalerweise umfasst der Lebensraum eines Paares zur Brutzeit jedoch mindestens 24–45 km^2. Die Flüge zu Jagdgebieten können sich bis zu 20 km weit vom Nest erstrecken.

JAGDWEISE UND ERNÄHRUNG Der Seeadler jagt entweder vom Ansitz aus oder im Suchflug. Seine Hauptbeutetiere sind Fische und Wasservögel. Die Fische greift er, wenn sie in ruhigem bzw. seichtem Wasser nahe an der Oberfläche schwimmen, aus dem flachen Gleitflug. So lassen sich – neben der Hauptbeuteart Karpfen – auch regelmäßig Hechte als Beute finden. Selten werden tiefer stehende Fische auch aus dem Sturzflug erbeutet. Die Jagd auf Wasservögel (z. B. Blässrallen oder Enten), die vor ihm wegtauchen, kann sich über längere Zeit hinziehen und auch als Gemeinschaftsjagd, oft im Herbst und Winter, ausgeführt werden. Das angegriffene Blässhuhn oder die Ente ermattet zusehends, bis es bzw. sie an der Oberfläche erbeutet wird. Obwohl Seeadler im Flug etwas schwerfällig wirken, sind sie doch im-

Bei Seeadlern verfärbt sich der Schnabel erst im 5. Jahr vollständig gelb.

Adulter Seeadler hält Wache neben dem Nest mit den fast flüggen Jungen.

stande, gelegentlich auch fliegende Vögel (z. B. Gänse) zu erbeuten. Daneben bilden tote Tiere – auch größere Säuger – einen beträchtlichen Teil der Nahrung, vor allem im Winterhalbjahr. Im Grünland tot gemähte Tiere, vor allem Rehkitze, finden Seeadler mit erstaunlicher Häufigkeit.

FORTPFLANZUNG Die Geschlechtsreife erreichen Seeadler im Alter von 3–4 Jahren, also noch bevor sie das voll ausgefärbte Alterskleid tragen, sind aber erst 1–2 Jahre später imstande, erfolgreich zu brüten. Die Paare leben in Dauerehe; erst nach dem Tod eines Partners findet Neuverpaarung statt. Die Balz beginnt bereits im Dezember oder Januar und hat ihren Höhepunkt im Februar. Sie äußert sich in häufigen Rufen (oft im Duett), ausgedehnten Balzflügen über dem Brutrevier, wobei die Partner spielerisch aufeinanderstoßen und sich mit den Fängen berühren. Das Nest wird an den Küsten Nordeuropas auf Felsen gebaut, im mitteleuropäischen Binnenland auf alten, hohen Bäumen, meist in Altholzbeständen von Kiefern oder Rotbuchen. Dabei muss freier An- und Abflug gewährleistet sein. Ein zum Nisten geeigneter Wald kann mehrere Kilometer vom Jagdgebiet entfernt liegen. Oft besitzt ein Paar mehrere Nester, die es abwechselnd benutzt.

LEGEBEGINN Ende Februar/Anfang März.

GELEGEGRÖSSE 1–3, meist 2 Eier (75 × 58 mm; 140 g), die kalkweiß und meist ungefleckt sind.

LEGEABSTAND 2–3 Tage.

Seeadler sind mit ihrer Flügelspannweite von rund 2,20 m gewaltig große Vögel.

Adulter Seeadler sichert von seiner Warte in den Luftraum.

BRUTDAUER 37–38 Tage pro Ei, für ein ganzes Gelege mit drei Eiern bis zu 46 Tage. Beide Eltern wechseln sich bei Bebrütung, Fütterung und Beutebeschaffung vollständig ab.

NESTLINGSDAUER 70–90 Tage. Nur bei weniger als 5 % aller erfolgreichen Bruten kommen 3 Junge zum Ausfliegen; ansonsten ist die Zahl von 1 oder 2 flüggen Jungen nahezu gleich verteilt. Nach dem Ausfliegen bleiben die Jungen teils nur wenige Wochen, teils bis in den Winter im elterlichen Revier, bis sie verstreichen.

FORTPFLANZUNGSRATE Der Anteil erfolgreicher Bruten und die Fortpflanzungsrate sind u. a. von der Dichte der Brutpopulation abhängig. Je weiter die Zahl anwesender Seeadler (Brutpaare, Nichtbrüter, Jungvögel) in den Revieren steigt, umso geringer ist der Bruterfolg. So haben z. B. in Sachsen nur noch 60 % aller begonnenen Bruten Erfolg und es fliegen im Mittel 0,94 Jungvögel pro Brut aus.

ÜBERLEBENSRATEN Bei ausgeflogenen Jungvögeln bis zur Brutreife jährlich ca. 50 %, bei Altvögeln ca. 80 %.

HÖCHSTALTER 36 Jahre in der freien Natur, 42 Jahre in Gefangenschaft.

WANDERUNGEN Während die Altvögel der mitteleuropäischen Populationen in der Regel Standvögel sind und den Winter in der weiteren Umgebung des Brutreviers verbringen, verstreichen die Jungvögel im September/Oktober aus dem elterlichen Revier. In Einzelfällen wandern sie über 1000 km weit ab, z. T. bis nach West- und Südeuropa. Gleichzeitig kommen auch Vögel aus Nordeuropa im Spätherbst bis nach Mitteleuropa zum Überwintern: Die längste bekannte Wanderung hatte ein Vogel im 3. Lebensjahr mit 2200 km von der Kola-Halbinsel nach Sachsen hinter sich.

BESTANDSVERHÄLTNISSE IN EUROPA Der Gesamtbestand des Seeadlers in Europa wird derzeit auf rund 10 600 Paare geschätzt (9000–12 300 Paare). Das Hauptvorkommen liegt

Adulter Seeadler wird beim Zugriff auf einen Fisch an der Wasseroberfläche von einer Sturmmöwe bedrängt.

An abgelassenen Fischteichen sammeln sich Seeadler oft in großer Zahl, um die übrig gebliebenen Fische zu fressen.

in Norwegen sowie im europäischen Russland mit jeweils mehr als 3000 Paaren. Aber auch in Mitteleuropa gibt es wieder große Brutvorkommen. In den Ostsee-Anrainerstaaten von Dänemark, Deutschland (850 Paare) und Polen (1000 Paare) bis Litauen und weiter in Belarus, der Ukraine sowie in Südosteuropa, vor allem in Kroatien und Serbien, weitere Vorkommen. Eine erfolgreiche Wiederansiedlung hat in Schottland inzwischen zu mehr als 200 Paaren geführt. Auch auf Island leben mehr als 70 Paare.

BESTANDSGEFÄHRDUNG Von der IUCN wird die Art als „nicht gefährdet" geführt, als Entwicklung eine Zunahme genannt. Die hauptsächlichen Gefährdungsfaktoren sind Kollisionen mit Windenergieanlagen und im Schienenverkehr, Vergiftungen durch bleihaltige Jagdmunition, wenn die Adler angeschossene und dadurch behinderte Tiere als leichte Beute fangen bzw. verendetes Jagdwild fressen, sowie Störungen am Brutplatz.

Raufußbussard

— *Buteo lagopus* 024

ROUGH-LEGGED BUZZARD – BUSE PATTUE – BUSARDO CALZADO
LÄNGE: 50–60 cm
SPANNWEITE: 120–150 cm
GEWICHT: ♂ 850 g, ♀ 1000 g

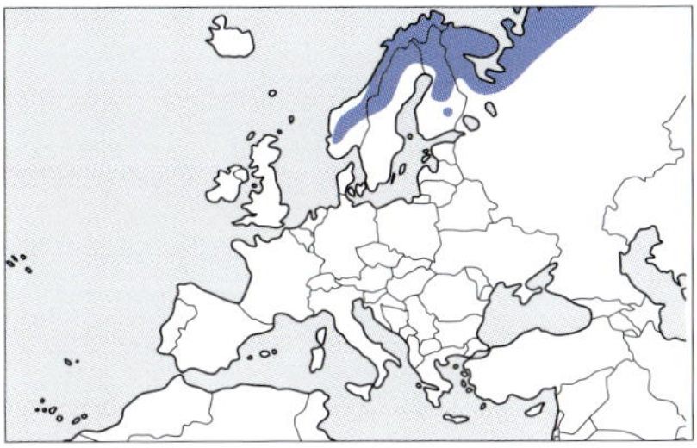

VORKOMMEN IN MITTELEUROPA Aus seinen ausschließlich in Nord- und Nordosteuropa gelegenen Brutgebieten erscheint der Raufußbussard alljährlich zwischen September/Oktober und März/April als Durchzügler und Wintergast in Mitteleuropa; jedoch tritt er in stark schwankenden Zahlen auf. Nach Gradationen seiner Hauptbeutetiere (Lemminge und andere Wühlmäuse) kommt es in manchen Jahren zu invasionsartigen Einflügen. Er hält sich dabei nur in weiträumig offenen, eher kargen Landschaften auf.
BEOBACHTUNG Raufußbussarde kann man entweder in ihrem skandinavischen Brutgebiet beobachten oder während des Winters auch in Mitteleuropa, vor allem nach einem stärkeren Einflug. Eine Beobachtung kann dann in allen Offenlandschaften gelingen, wo man die Vögel bei der Ansitzjagd oder auch im Rüttelflug sehen kann.

KENNZEICHEN Das beste Kennzeichen des fliegenden oder landenden Raufußbussards ist der überwiegend weiße Schwanz mit breiter dunkler Endbinde. Die sonstigen Merkmale sind ein dunkler Fleck an der Handwurzel auf der Flügelunterseite sowie ein dunkles Bauchschild, diese können aber auch beim sehr ähnlichen Mäusebussard auftreten. Wenn jedoch gleichzeitig auch das erstgenannte Kennzeichen zutrifft, kann man sicher sein, einen Raufußbussard vor sich zu haben.

Raufußbussard fixiert im Rüttelflug eine Beute vor sich am Boden. Kennzeichnend im Flugbild sind die hellen Schwanzfedern mit breiter dunkler Endbinde.

Bei Altvögeln kann das Geschlecht dadurch bestimmt werden, dass beim Männchen der Schwanz außer der breiten dunklen Endbinde noch 3 weitere schmale Binden aufweist, beim Weibchen dagegen nur manchmal 1 weitere. Jungvögel haben im Gegensatz zu den Altvögeln eine helle Kehle und auf der Flügelunterseite keinen dunklen Hinterrand. Eine typische Flugweise für den Raufußbussard ist, dass er oft rüttelt. Obwohl auch Mäusebussarde in bestimmten Situationen rütteln, sollte man im Winterhalbjahr jeden rüttelnden Bussard genauer ansehen, ob es nicht ein Raufußbussard ist.

STIMME Ist in der Regel nur am Brutplatz zu hören; ähnlich der des Mäusebussards, aber höher.

VERBREITUNG Am Nordrand Eurasiens und Nordamerikas zirkumpolar verbreitet, hauptsächlich in der Tundrazone, stellenweise auch in der Taigazone, vor allem bei hohem Wühlmausbestand. Der europäische Anteil an der weltweiten Verbreitung wird auf 15 % geschätzt.

LEBENSRAUM Im Brutgebiet wird die offene Strauch- und Moostundra vom Raufußbussard als Lebensraum bevorzugt, in Skandinavien ebenso die offenen Fjällgebiete oberhalb der Waldgrenze. Auch die Wintergäste in Mitteleuropa halten sich vorzugsweise in offenen Landschaften auf.

SIEDLUNGSDICHTE UND REVIERGRÖSSE In Finnisch-Lappland lebten auf 200 km² Untersuchungsfläche 4–6 Brutpaare, deren Jagdgebiete 3–8 km² umfassten. Dagegen wurden in Schwedisch-Lappland auf einer nur 32 km² großen Untersuchungsfläche maximal 11 Brutpaare festgestellt.

JAGDWEISE UND ERNÄHRUNG Im Suchflug, der meist in etwa 10–20 m Höhe erfolgt und häufig durch Rütteln unterbrochen wird, jagt der Raufußbussard hauptsächlich Kleinsäuger, vor allem Lemminge und andere Wühlmäuse. Bei der Jungenaufzucht bilden Kleinsäuger in der Regel 80–90 % der Nahrung, während Vögel nur 10–20 % ausmachen. Im Winterquartier werden hauptsächlich Feldmäuse erbeutet und gelegentlich auch tote Tiere angenommen.

FORTPFLANZUNG Die Geschlechtsreife wird im Alter von 2 oder 3 Jahren erreicht. Die Balz und Paarbildung kann ab Ende März noch im Winterquartier (z. B. in Schleswig-Holstein) stattfinden, sodass die Raufußbussarde dann im April oder Mai bereits verpaart im Brutgebiet eintreffen. Ob sie dort zur Brut schreiten oder nicht, hängt entscheidend von der Höhe des erreichbaren Nahrungsangebots ab: in Jahren mit Wühlmausgradationen sind Siedlungsdichte und Bruterfolg entsprechend groß, während in Jahren nach dem Zusammenbruch einer Gradation in bestimmten Gebieten die Raufußbussarde überhaupt nicht brüten. Möglicherweise fliegen sie dann z. T. auch in andere Gebiete mit besseren Nahrungsbedingungen, um dort zu brüten. Das Nest wird in den Fjällgebieten Skandinaviens am häufigsten auf einer Felsenklippe erbaut, in der Waldtundra bzw. Taigazone auf einem Baum und in der offenen Tundra auf dem Erdboden.

LEGEBEGINN Mitte Mai bis Mitte Juni.

GELEGEGRÖSSE 3–5, in optimalen Jahren maximal 7 Eier (55 × 44 mm; 59 g), die auf weißem Grund bräunlich gefleckt sind.

LEGEABSTAND 2 Tage.

BRUTDAUER Ca. 31 Tage. Nur das Weibchen brütet, während das Männchen Beute bringt und Wache hält.

NESTLINGSDAUER 35–42 Tage. Nach dem Ausfliegen werden die Jungen noch einige Wochen von den Eltern betreut.

FORTPFLANZUNGSRATE Stark schwankend, im Durchschnitt 1,8 flügge Junge pro Paar und Jahr.

ÜBERLEBENSRATEN Im 1. Lebensjahr knapp 50 %, in späteren Lebensjahren etwa 70 %.

HÖCHSTALTER 19 Jahre, durch Beringung festgestellt.

WANDERUNGEN Zugvogel, der die Brutgebiete ab Ende August verlässt. Skandinavische Raufußbussarde überwintern in Mitteleuropa von Oktober bis März/April. Ortstreue einzelner Tiere am Überwinterungsplatz in aufeinanderfolgenden Jahren ist mehrfach nachgewiesen worden, z. B. aufgrund individueller Eigenheiten der Gefiederfärbung, Ansitzplätze und Verhaltensweisen, an denen die Tiere wiedererkannt werden können.

BESTANDSVERHÄLTNISSE IN EUROPA Der Gesamtbestand des Raufußbussards in Europa wird derzeit auf rund 58 000 Paare geschätzt (37 200–79 200 Paare). Das Hauptvorkommen liegt im europäischen Teil Russlands (rund 50 000 Paare), bei hohem Nahrungsangebot weiterhin in Norwegen, in der Nordhälfte Schwedens und Finnlands. Es ist allerdings zu berücksichtigen, dass die Nagergradationen nicht überall gleichzeitig stattfinden und infolgedessen beim Raufußbussard bedeutende Bestandsschwankungen und Verlagerungen möglich sind.

BESTANDSGEFÄHRDUNG Von der IUCN wird die Art als „nicht gefährdet" geführt. Es wird eine stabile Bestandssituation angenommen.

Raufußbussard frisst an Aas im Schnee.

Raufußbussard an seinem Nest in einer Felsnische.

Mäusebussard

— Buteo buteo 025

COMMON BUZZARD – BUSE VARIABLE – BUSARDO RATONERO
LÄNGE: 48–58 cm
SPANNWEITE: 115–138 cm
GEWICHT: ♂ 600–900 g, ♀ 800–1200 g

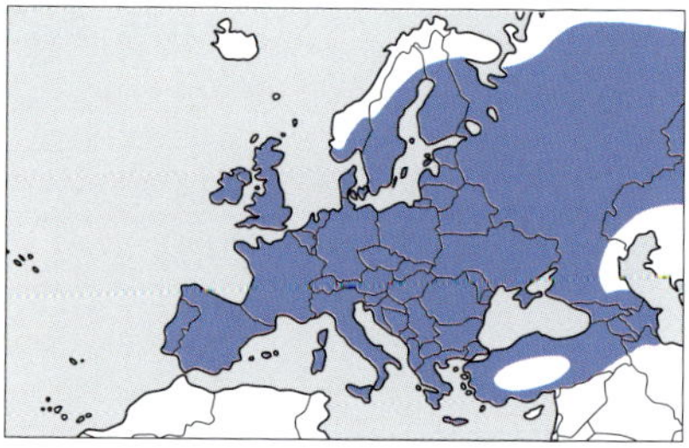

VORKOMMEN IN MITTELEUROPA Der Mäusebussard ist in Mitteleuropa mit Abstand der häufigste Greifvogel, sowohl im Sommer- als auch im Winterhalbjahr. Er kommt bevorzugt in halboffenen Landschaften mit Wäldern, Feldgehölzen und Baumreihen in der Agrarlandschaft vor, aber auch sonst fast überall. Dies hängt damit zusammen, dass er hinsichtlich Lebensraum und Nahrungserwerb sehr anpassungsfähig ist.
BEOBACHTUNG Weil Mäusebussarde häufig an Böschungen von Straßen und Autobahnen die Ansitzjagd betreiben, wo es für sie oft mehr Nahrung gibt als auf den benachbarten landwirtschaftlichen Flächen, kann man sie auch vom Auto aus überall gut beobachten.
KENNZEICHEN Beim kreisenden Segelflug ist der Mäusebussard an den langen und breiten Flügeln, dem relativ kurzen, breit gefächerten Schwanz sowie an den „hiäh"-Rufen zu erkennen. Im Unterschied zu anderen Bussardarten weist der Schwanz außer der dunklen Endbinde 5–6 weitere schmale, dunkle Querbinden auf.
Verwechslungsmöglichkeiten gibt es im Sommerhalbjahr mit dem Wespenbussard, der jedoch schlankere Flügel und einen längeren Schwanz mit 3 breiten dunklen Binden hat, und im Winterhalbjahr mit dem Raufußbussard, der sich aber am weißen Schwanz mit breiter dunkler Endbinde (und höchstens 3 weiteren schmalen Binden beim alten Männchen) unterscheiden lässt.

ad./dunkel
juv./hell
ad./normal
vulpinus

ad./hell
ad./dunkel

Mäusebussard, als Jungvogel erkennbar an der hellen Irisfarbe und Längstropfung an der Unterseite, sichert in die Umgebung.

Mäusebussard-Familie: Paar auf dem Nest mit seinen ca. 12–14 Tage alten Dunenjungen.

Der tief im Nest brütende Altvogel ist kaum zu entdecken, nur der Kopf ragt etwas hervor.

Die Gefiederfärbung des Mäusebussards ist sehr variabel: Von fast einfarbig dunkelbraunen bis zu ganz hellen Individuen gibt es alle Übergänge. Herkunft und Alter der Vögel spielen bei diesen Farbvarianten keine Rolle; sogar Geschwister aus der gleichen Brut können eine verschiedene Färbung aufweisen. Männchen und Weibchen sind nur nebeneinander, z. B. beim gemeinsamen Kreisen, daran zu unterscheiden, dass das Weibchen in der Regel etwas größer als das Männchen ist. Während Altvögel auf der Körperunterseite z. T. Querbänderung zeigen, sind Jungvögel mehr längs gestreift und haben noch nicht die breite dunkle Endbinde am Schwanz.

STIMME Hauptsächlich in der Fortpflanzungsperiode sind im Brutrevier häufig die charakteristischen „hiäh"-Rufe zu hören.

VERBREITUNG Über fast ganz Europa verbreitet (ausgenommen Irland, Island und Nordskandinavien) sowie ostwärts quer durch Asien bis nach

Japan. Der europäische Anteil an der weltweiten Verbreitung wird auf 75 % geschätzt.

LEBENSRAUM Als Jagdgebiet wird offenes Gelände bevorzugt, während der Schlaf- und Brutplatz in der Regel im Wald liegt. Außerhalb der Fortpflanzungsperiode werden auch waldarme Landschaften bewohnt, im Winter bei Schneelage vor allem feuchte Niederungen. Oft halten sich Mäusebussarde auch an stark befahrenen Straßen auf, weil dort leicht zu findende Nahrung in Form von überfahrenen Tieren anfällt.

SIEDLUNGSDICHTE UND REVIERGRÖSSE Generell ist die Siedlungsdichte abhängig von der Höhe des erreichbaren Nahrungsangebots, wobei der Massenwechsel der Feldmaus als Hauptbeutetier eine entscheidende Rolle spielt. Bei Feldmausgradationen ist die Siedlungsdichte deutlich höher. Daneben gibt es auch weitere Unterschiede:
In reich gegliederten Landschaften, in denen auf gutem Boden Laubwälder mit Wiesen und Feldern abwechseln, ist die Siedlungsdichte höher als in wenig gegliederten Landschaften mit größeren

Altvogel mit brauner Iris und Querbänderung.

An einer Beute können sich besonders im Winter heftige Streitereien ergeben.

Ein sehr hell gefärbter Mäusebussard im Landeanflug.

Mäusebussarde (hier ein junger Vogel) geben auch im Flug eine kompakte Erscheinung ab.

Fichten- oder Kiefernwäldern auf kargem Boden. In ersteren Gebieten können 35–80 Brutpaare auf 100 km^2 leben, in letzteren Gebieten dagegen nur 10–20 Brutpaare auf 100 km^2. Das gegen Artgenossen verteidigte Revier eines Brutpaares umfasst im Durchschnitt etwa 1,3 km^2, während sich die Jagdgebiete benachbarter Paare durchaus überschneiden können.

JAGDWEISE UND ERNÄHRUNG In der Regel betreibt der Mäusebussard die Ansitzjagd, indem er von einer erhöhten Warte aus die Umgebung überwacht, ein erspähtes Beutetier anfliegt und zu schlagen versucht. Seltener jagt er im niedrigen Suchflug, wobei er gelegentlich rüttelt. Regelmäßig nimmt er auch am Erdboden herumlaufend Nahrung auf (z. B. Regenwürmer oder größere Insekten), was man in Zeiten der Bodenbearbeitung auf Landwirtschaftsflächen gut beobachten kann. Die Hauptnahrung bilden Kleinsäuger, vor allem Feldmäuse. Daneben werden Vögel (vor allem junge), Reptilien (Eidechsen und Blindschleichen) und Amphibien (Kröten und Frösche) erbeutet. Gesunde Beutetiere können nur bis zu einem Gewicht von etwa 500 g vom Mäusebussard überwältigt werden. Wird er an größerer Beute angetroffen, so kann man davon ausgehen, dass er diese bereits tot oder in stark geschwächtem Zustand vorgefunden hat.

FORTPFLANZUNG Die Geschlechtsreife wird in der Regel im Alter von 2 oder 3 Jahren erreicht. Infolge der Reviertreue halten die Partner eines Paares oft lebenslang zusammen. Mit Beginn der Fortpflanzungsperiode (ab Februar/März) zeigen sie ein ausgeprägtes Territorialverhalten, indem sie über dem Brutrevier kreisen und rufen sowie Artgenossen vertreiben. Das Nest steht normalerweise in Altholzbeständen des Waldes, meist nicht weiter als 100 m vom Waldrand entfernt, gelegentlich aber auch außerhalb des Waldes in Feldgehölzen, Baumgruppen oder Einzelbäumen. Wo Wälder in Hanglagen vorhanden sind, werden diese als Brutplatz bevorzugt, weil der Mäusebussard als Segelflieger auf günstige Thermikverhältnisse angewiesen ist. Als Nestträger werden Bäume entsprechend ihres Angebotes genutzt, oft findet man Nester auf Eichen oder Kiefern, aber auch auf anderen Baumarten. Das Nest wird überwiegend in einer Stammgabel unter der Baumkrone erbaut, möglichst mit freiem Anflug, meist in einer Höhe zwischen 9 und 18 m, mitunter bis 25 m hoch. In der Regel stehen einem Mäusebussard-Paar mehrere Nester zur Verfügung, die abwechselnd zur Brut benutzt werden können. Im Frühjahr werden nicht selten auch die Wechselnester mit grünen Zweigen geschmückt, ehe sich das Paar für ein bestimmtes Nest entscheidet oder auch völlig neu baut.

LEGEBEGINN In Mitteleuropa ab Ende März, meist Mitte April.

GELEGEGRÖSSE Je nach Nahrungsangebot zwischen 2 und 4 Eiern (56 × 45 mm; 60 g), die auf grauweißem Grund mehr oder weniger stark rot und graubraun gefleckt, selten ganz fleckenlos sind.

LEGEABSTAND 2–3 Tage. Das Weibchen brütet allein und wird nur kurzfristig vom Männchen abgelöst.

BRUTDAUER 33–35 Tage.

Wenn bei hohen Schneelagen keine Mäuse mehr zu finden sind, fressen Mäusebussarde auch an Kadavern.

NESTLINGSDAUER 42–49 Tage. Die flüggen Jungvögel machen durch häufige Bettelrufe auf sich aufmerksam und fliegen den beutetragenden Altvögeln entgegen. 6–8 Wochen nach dem Ausfliegen sind sie selbstständig.

FORTPFLANZUNGSRATE In Abhängigkeit vom jeweiligen Nahrungsangebot zeigt die Fortpflanzungsrate beträchtliche Schwankungen. Bei geringem Feldmausbestand kann der Anteil nicht brütender Paare entsprechend hoch sein. Im langjährigen Mittel kommen zwischen 1,1 und 1,8 Junge pro Brut zum Ausfliegen.

ÜBERLEBENSRATEN Im 1. Lebensjahr ca. 50 %, in späteren Lebensjahren etwa 70 %.

HÖCHSTALTER 29 Jahre in freier Natur, durch Beringung nachgewiesen; 30 Jahre in Gefangenschaft.

WANDERUNGEN Nordeuropäische Mäusebussarde sind Zugvögel, die mitteleuropäischen sind Teilzieher, denn die Altvögel sind überwiegend Standvögel, während die Jungvögel großteils im Herbst wegziehen, um hauptsächlich in Frankreich zu überwintern. Andererseits überwintern in Mitteleuropa auch Mäusebussarde, die aus weiter nördlich oder östlich gelegenen Gebieten zuwandern. Der Herbstzug hat in Mitteleuropa seinen Höhepunkt im Oktober, der Frühjahrszug findet zwischen Mitte März und Ende April statt. An guten Zugtagen kann man dann an einem beliebigen Ort in der Landschaft dieses Phänomen lange studieren.

BESTANDSVERHÄLTNISSE IN EUROPA Der Gesamtbestand in Europa wird derzeit auf rund 1 102 000 Paare geschätzt (814 000–1 390 000 Paare). Die Hauptvorkommen befinden sich in Osteuropa (europäisches Russland; Belarus; Ukraine; Moldawien – ca. 400 000 Paare) sowie in Mittel- und Westeuropa (jeweils mehr als 200 000 Paare). Außer auf Island kommt der Mäusebussard in allen Ländern Europas vor.

BESTANDSGEFÄHRDUNG Von der IUCN wird die Art als „nicht gefährdet" geführt. Es wird eine stabile Bestandssituation angenommen. Existierende Gefährdungsfaktoren sind Vergiftung und illegale Verfolgung sowie Kollisionen an Windenergieanlagen, Stromleitungen und im Straßenverkehr.

Auf frisch bearbeiteten Ackerflächen picken Mäusebussarde Regenwürmer und weitere Wirbellose als Nahrung auf.

Adlerbussard

— *Buteo rufinus* 026

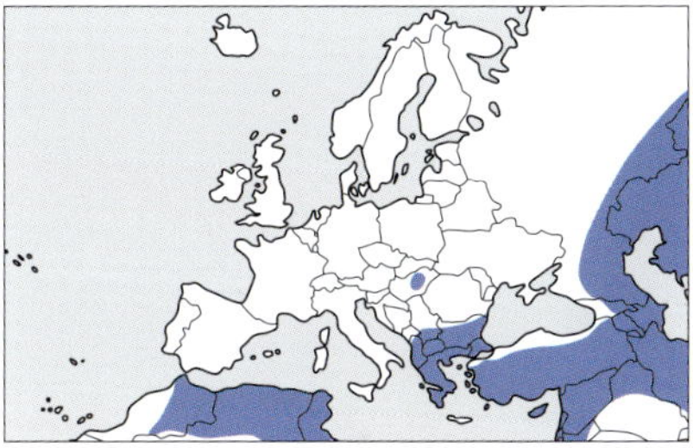

LONG-LEGGED BUZZARD – BUSE FÉROCE – BUSARDO MORO
LÄNGE: 57–65 cm
SPANNWEITE: 135–160 cm
GEWICHT: ♂ 1100 g, ♀ 1300 g

VORKOMMEN IN MITTELEUROPA Nachdem der Adlerbussard sein Brutgebiet auf der Balkanhalbinsel im Laufe der letzten Jahrzehnte nach Norden erweitert hat, kommt er neuerdings auch in Ungarn vor. Dort lebt er bevorzugt in bewaldeten und felsigen Mittelgebirgslandschaften mit angrenzendem Offenland. Ansonsten ist er in Mitteleuropa nur ein sehr seltener Gast.
BEOBACHTUNG Im ungarischen Nationalpark Hortobágy kann man mit etwas Glück Adlerbussarde beobachten. Ansonsten sollte man nach Bulgarien, Rumänien oder Südwestrussland fahren, um diese Art zu beobachten.
KENNZEICHEN Größer als Mäusebussard, mit breiteren Flügeln und stärker gefingerten Handschwingen, wodurch das Flugbild Adlern ähnlich sieht. Gute Erkennungsmerkmale sind der hell rostfarbene Kopf und Hals sowie der ebenfalls hell rostfarbene Schwanz, der bei Altvögeln meist keine Bänderung aufweist.
Es gibt 3 Farbmorphen: eine helle, eine rostrote und eine dunkle; Letztere brütet allerdings nur vom Wolgagebiet an ostwärts. Verwechslungsmöglichkeiten kann es

— a) mit dem Raufußbussard (S. 169) geben, dessen Schwanz jedoch immer eine breite dunkle Endbinde hat, und
— b) mit dem **Falkenbussard** *(Buteo buteo vulpinus)*, der osteuropäischen Unterart des Mäusebussards; dieser hat ebenfalls eine rostrote Unterseite, aber eine dunkle Endbinde im Schwanz.

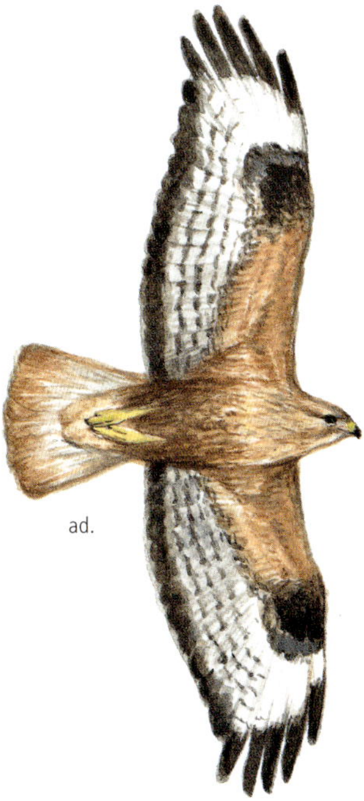

ad.

ad.

Das wichtigste Kennzeichen des Adlerbussards ist der rostfarbene, meist ungebänderte Schwanz.

STIMME Ähnlich Mäusebussard, jedoch weniger ruffreudig.

VERBREITUNG Von Nordafrika und Südosteuropa über Vorderasien bis nach Zentralasien. Der europäische Anteil an der weltweiten Verbreitung wird auf 17 % geschätzt.

LEBENSRAUM Überwiegend in Trockensteppen und Halbwüsten. Auf dem Balkan auch im bewaldeten Bergland, wo es Felswände zum Nisten und offene Flächen zum Jagen gibt.

SIEDLUNGSDICHTE UND REVIERGRÖSSE In Abhängigkeit vom Nahrungsangebot stark schwankend. Im Süden Bulgariens lebten in einem Untersuchungsgebiet im Jahr 2007 noch 9,6 Paare/100 km², aber 2011 waren es nur noch 4,8 Paare/100 km². Als Ursache für den Rückgang wurde der Umbruch von Grünland angegeben. Übersommerer in Ungarn haben Jagdgebiete von 20–30 km².

JAGDWEISE UND ERNÄHRUNG Jagt aus dem segelnden Suchflug sowie vom Ansitz aus und erbeutet hauptsächlich kleine bis mittelgroße

Mit frischer Beute ist der Adlerbussard auf einem Strauch gelandet.

Adlerbussard-Weibchen mit zwei Jungen (ca. 3 Wochen alt) im Nest in einer Felsnische.

Säugetiere (z. B. Wühlmäuse, Hamster und Ziesel), daneben Reptilien und größere Insekten.

FORTPFLANZUNG Brutreife vermutlich im Alter von 2 oder 3 Jahren. Balzflüge wie beim Mäusebussard. Das Nest wird meist in einer Felswand gebaut.

LEGEBEGINN Im April.

GELEGEGRÖSSE Meist 2 oder 3 Eier (60 × 47 mm; 73 g), die auf hellem Grund bräunlich gefleckt sind.

BRUTDAUER Nicht genau bekannt, mindestens 28 Tage.

NESTLINGSDAUER 45–52 Tage.

BESONDERHEIT Im Jahr 2009 gab es in Ungarn 2 Mischpaare Adlerbussard × Mäusebussard.

ÜBERLEBENSRATEN unbekannt

HÖCHSTALTER 9 Jahre, durch Beringung festgestellt.

WANDERUNGEN In Teilen Südosteuropas, besonders in Bulgarien, ziehen Adlerbussarde im Spätherbst weg, während sie in Griechenland z. T. überwintern, ebenso in der Türkei. Die hauptsächlichen Überwinterungsgebiete liegen im nördlichen Afrika. Der Heimzug erfolgt im März.

BESTANDSVERHÄLTNISSE IN EUROPA Der Gesamtbestand des Adlerbussards in Europa wird derzeit auf rund 15 500 Paare geschätzt (11 800–19 200 Paare). Die Hauptvorkommen liegen in Südosteuropa (Bulgarien, Griechenland, Rumänien, Mazedonien und Serbien) und Osteuropa (europäisches Russland, Ukraine). Auch im Osten Ungarns gibt es ein kleines Vorkommen von ca. 12 Paaren.

BESTANDSGEFÄHRDUNG Von der IUCN wird die Art als „nicht gefährdet" geführt. Es wird eine stabile Bestandssituation angenommen.

Merlin

— *Falco columbarius* 027

MERLIN – FAUCON ÉMERILLON – ESMEREJÓN

LÄNGE: 28–33 cm
SPANNWEITE: ♂ ca. 60 cm, ♀ ca. 67 cm
GEWICHT: ♂ ca. 170 g, ♀ ca. 220 g

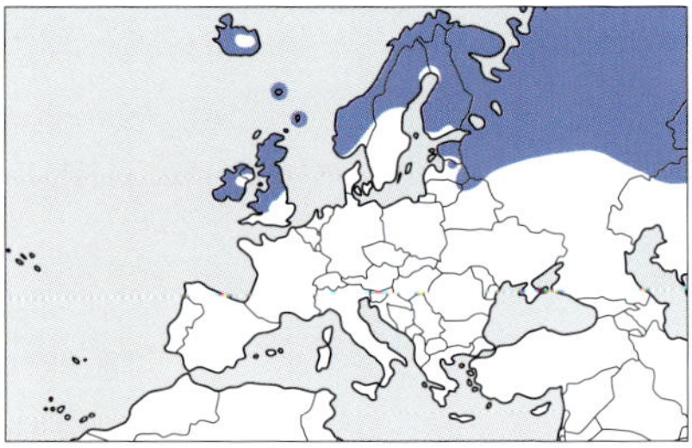

VORKOMMEN IN MITTELEUROPA Dieser kleinste europäische Falke, der in Nordeuropa beheimatet ist, erscheint im Herbst und Frühjahr regelmäßig als Durchzügler in Mitteleuropa. Teilweise überwintert er hier auch und bevorzugt dabei offenes Gelände. In schnellem Flug jagt er oft dicht über dem Erdboden dahin und wird wegen seiner geringen Größe häufig übersehen.
BEOBACHTUNG Während der Herbst- und Wintermonate kann man Merline an günstigen Stellen im Offenland in Deutschland beobachten, vor allem in weiten Moorgebieten und feuchten Niederungen. Die Brutgebiete in Großbritannien und Skandinavien bieten günstige Beobachtungsmöglichkeiten in den Sommermonaten Juni bis August.
KENNZEICHEN Kleiner als ein Turmfalke, von dem er sich im Flug auch an der kompakteren Gestalt, den spitzeren Flügeln und am kürzeren Schwanz unterscheiden lässt. Das Männchen im Alterskleid ist oberseits blaugrau und unterseits rostgelb mit feinen dunklen Längsstreifen; sein blaugrauer Schwanz hat eine breite dunkle Endbinde. Weibchen und Jungvögel sind oberseits graubraun, unterseits weißlich mit kräftigen braunen Längsflecken; der Schwanz hat 5–6 breite dunkle Querbinden, die durch schmale helle Querstreifen getrennt sind. Alte und junge Merlin-Weibchen kann man feldornithologisch nicht unterscheiden, während die Männchen generell etwas kleiner als die Weibchen sind.

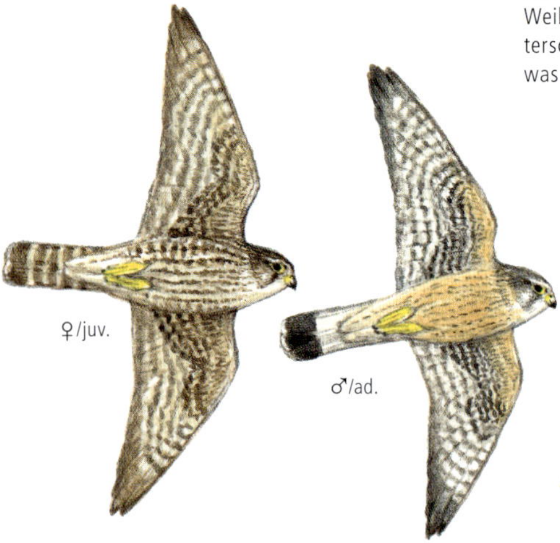

Merlin-Weibchen im Jagdflug auf Kleinvögel über weithin offenes Gelände.

STIMME Normalerweise nur am Brutplatz zu hören: schnelle und hohe „kikikiki"-Rufreihen gegenüber Eindringlingen.

VERBREITUNG Der Merlin ist in mehreren Unterarten über Nordeuropa, quer durch das nördliche Asien – etwa zwischen 50° und 70° nördlicher Breite – und über die nördliche Hälfte Nordamerikas verbreitet. Der europäische Anteil an der weltweiten Verbreitung wird auf rund 15 % geschätzt.

LEBENSRAUM Offene und baumarme Landschaften; brütet vor allem auf Hochmooren und Heiden, aber auch in Randzonen von lichten Birken- oder Kiefernwäldern. Auch die Durchzügler und Überwinterer in Mitteleuropa bevorzugen offene Landschaften als Jagdgebiete. Bei überwinternden Merlinen wurden in der Schweiz gemeinsame Übernachtungsplätze im Schilfgürtel eines Sees beobachtet.

SIEDLUNGSDICHTE UND REVIERGRÖSSE Die Siedlungsdichte schwankt je nach Lebensraum und Nahrungsangebot von 3–12 Brutpaaren pro 100 km^2. Der Abstand zwischen den Brutplätzen benachbarter Paare beträgt meist mindestens 1 km. Auch die Größe des Jagdreviers richtet sich nach dem jeweiligen Nahrungsangebot und liegt zwischen 13 und 28 km^2. Jagdflüge erstrecken sich bis zu 9 km vom Nest.

JAGDWEISE UND ERNÄHRUNG Der Merlin jagt hauptsächlich auf Kleinvögel bis zur Größe einer Drossel, die er meist in der Luft schlägt, entweder im Steilstoß von oben oder aus bodennahem Flug von unten, nachdem er sie aufgescheucht hat. Er schlägt aber auch Kleinsäuger bzw. noch nicht flügge Jungvögel am Erdboden. Während der Aufzuchtperiode bilden Jungvögel, die noch nicht bzw. eben flügge sind, einen wesentlichen Teil der Beute. Er nimmt sogar Jungvögel aus Nestern, um seine eigenen Jungen damit zu füttern. In der Gesamtnahrung machen Kleinsäuger höchstens 10 % aus, Kleinvögel dagegen über 90 %.

FORTPFLANZUNG Weibchen brüten oft schon im Alter von 1 Jahr, Männchen meist erst mit 2 Jahren. Die Paare führen eine Saisonehe. Als Brut-

Merlin-Paar im Horst, einem alten Krähennest, bei der Beuteübergabe. Links das Weibchen, rechts das Männchen im Alterskleid.

Bodenbruten sind beim Merlin in den Heidegebieten Nordwesteuropas häufig.

platz dient in den Moor- und Heidegebieten Großbritanniens und Irlands meist eine flache Mulde am Erdboden. In Skandinavien dagegen brüten die Merline in der Birkenwaldzone am häufigsten in einem alten Krähennest auf einem Baum. Wo Felshänge vorhanden sind, kann die Brut auch dort in einer geeigneten Nische stattfinden.

LEGEBEGINN Auf den Britischen Inseln ab Anfang Mai, in Nordeuropa Ende Mai/Anfang Juni.

GELEGEGRÖSSE Meist 4–5 Eier (40 × 31 mm; 21 g), die auf gelblich weißem Grund stark rotbraun gefleckt sind.

LEGEABSTAND 2 Tage.

BRUTDAUER 28–32 Tage. Im Gegensatz zu anderen Falkenarten beteiligen sich Merlin-Männchen intensiv an der Bebrütung des Geleges, oft bis zu einem Drittel des Tages. Die Jungen werden aber zunächst nur vom Weibchen gefüttert und bis zum 10. Lebenstag gehudert, während das Männchen für die Ernährung der ganzen Familie sorgt. Wenige Tage vor dem Ausfliegen der Jungen beginnt auch das Weibchen wieder zu jagen.

NESTLINGSDAUER 25–27 Tage. Nach dem Ausfliegen werden die Jungen noch etwa 1 Monat von den Eltern betreut, bis sie selbstständig sind.

FORTPFLANZUNGSRATE Im Durchschnitt 2,5 flügge Junge pro Paar und Jahr.

ÜBERLEBENSRATEN unbekannt

HÖCHSTALTER Fast 13 Jahre, durch Beringung festgestellt.

WANDERUNGEN Mit Ausnahme der Britischen Inseln, wo Altvögel und z. T. auch Jungvögel in der Regel Stand- oder Strichvögel sind, ist der Merlin überwiegend Zugvogel. Als spezialisierter Kleinvogeljäger folgt er seinen Beutetieren und überwintert teilweise schon in Mitteleuropa, größtenteils jedoch in den Mittelmeerländern und in Nordafrika. Hauptdurchzug in Mitteleuropa im Herbst (Oktober/November) und im Frühjahr (März/April).

BESTANDSVERHÄLTNISSE IN EUROPA Der Gesamtbestand des Merlins in Europa wird derzeit auf rund 42 000 Paare geschätzt (32 000–51 600 Paare). Das Hauptvorkommen liegt im europäischen Teil Russlands (rund 25 000 Paare) sowie in Skandinavien und Finnland (ca. 12 000 Paare). Weitere Vorkommen in Großbritannien und Irland, in Island, Belarus, Estland und Lettland.

BESTANDSGEFÄHRDUNG Von der IUCN wird die Art als „nicht gefährdet" geführt. Im Gesamtverbreitungsgebiet wird der Bestand des Merlins als stabil eingeschätzt, in Europa ist die gegenwärtige Entwicklung unbekannt.

Merlin-Männchen sichert an einem Rastplatz in die Umgebung.

Rotfußfalke

— Falco vespertinus 028

RED-FOOTED FALCON – FAUCON KOBEZ – CERNÍCALO PATIRROJO
LÄNGE: ca. 30 cm
SPANNWEITE: ca. 72 cm
GEWICHT: ♂ 150 g, ♀ 165 g

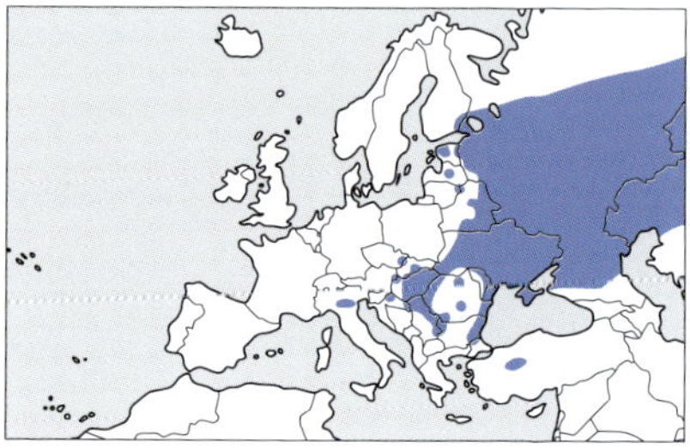

VORKOMMEN IN MITTELEUROPA Das Brutareal des Rotfußfalken, der hauptsächlich in Russland beheimatet ist, hat seine Westgrenze im südöstlichen Mitteleuropa (Ungarn und Slowakei). Jedoch erscheinen Rotfußfalken auf dem Zug auch regelmäßig weiter westlich. In der Schweiz, in Deutschland und in Österreich werden alljährlich im Mai einige auf dem Frühjahrszug beobachtet, oft in Gesellschaft von Baumfalken. Ganz ausnahmsweise kommt es sogar vor, dass bei günstigen Ernährungsbedingungen auch Vögel im Westen bleiben und brüten; einzelne Bruten sind in Norditalien und sogar in Deutschland nachgewiesen worden. Und auch auf dem Herbstzug im August/September kommt es in Deutschland (sowie in Südschweden und Dänemark) regelmäßig zu Einflügen, in manchen Jahren sogar in größeren Zahlen.

BEOBACHTUNG Da Rotfußfalken oftmals wenig scheu auf Beobachter reagieren, haben sie eine geringe Fluchtdistanz und lassen sich somit meist gut betrachten. Dies gilt für die Zugzeiten in Deutschland, aber auch in den Brutgebieten in Ungarn, Rumänien und in der Ukraine sind die koloniebrütenden Vögel in der Regel leicht zu beobachten.

KENNZEICHEN Die Gefiederfärbung der Geschlechter ist völlig verschieden: Alte Männchen

Rotfußfalken-Männchen hat ein Insekt (Feldgrille) gefangen.

Als Ansitzwarte dient dem adulten Weibchen hier ein vertrockneter Pflanzenstängel.

sind fast einheitlich grauschwarz gefärbt, nur die Hosen und Unterschwanzdecken sind ziegelrot. Bei ausgefärbten Weibchen sind Kopf und Unterseite des Körpers rostgelb, während die graue Oberseite eine schwarze Querbänderung aufweist. Aber beide Geschlechter haben orangerote Fänge und auch die Wachshaut am Schnabel und die Augenumrandung sind orangerot. Jungvögel sind oberseits mehr bräunlich, unterseits längs gestreift. Von den sehr ähnlichen jungen Baumfalken lassen sie sich durch den hellen Halsring unterscheiden. Obwohl auch im Flugbild dem Baumfalken generell sehr ähnlich, ist der Rotfußfalke leicht daran zu erkennen, dass er häufig rüttelt.

STIMME Bei Erregung hohe „giv-giv-giv"-Rufe.

VERBREITUNG Das Brutgebiet erstreckt sich von Ungarn sowie von der Gegend bei St. Petersburg ostwärts quer durch Russland (etwa zwischen 45° und 60° nördlicher Breite) bis ans Japanische Meer. Durch die Gebirgszüge um den Baikalsee ist die westliche Unterart von der östlichen getrennt. Der europäische Anteil an der weltweiten Verbreitung wird auf 40 % geschätzt.

LEBENSRAUM Offenes Gelände und Steppengebiete mit Feldgehölzen oder Waldinseln, wo Nester von Saatkrähen oder Elstern als Brutplätze zur Verfügung stehen und wo in der Umgebung ein reiches Nahrungsangebot existiert. Auf dem Zug wird die Insektenjagd bevorzugt in offenen Niederungen von Flüssen, Teichen und Seen betrieben.

SIEDLUNGSDICHTE UND REVIERGRÖSSE Stets sehr gesellig, kein Territorialverhalten. In den Brutkolonien der Rotfußfalken kann der Abstand zwischen besetzten Nestern sehr gering (1 m) sein.

JAGDWEISE UND ERNÄHRUNG Häufig betreiben Rotfußfalken die Jagd im Flug, wobei sie fliegende Insekten mit den Fängen ergreifen und sofort verzehren. Oft jagen sie noch bis in die späte Abenddämmerung auf umherschwärmende Käfer, und deswegen wird die Art auch „Abendfalke" genannt. Auf Beutetiere am Boden jagen sie von Ansitzwarten und aus dem Rüttelflug; gelegentlich erbeuten sie Käfer am Boden auch zu Fuß. Die Hauptnahrung bilden Insekten (Käfer, Heuschrecken, Libellen), während Kleinsäuger (vor allem Wühlmäuse), Eidechsen und Kröten eine wichtige Rolle bei der Jungenaufzucht spielen können.

FORTPFLANZUNG Geschlechtsreife im Alter von 1 Jahr. Die Paare führen eine Saisonehe und brüten meist kolonieweise; es kommen aber auch Einzelbruten vor. Als Brutplätze dienen Nester von Saatkrähen, die ja ebenfalls in z. T. großen Kolonien brüten, sowie Nester von Elstern, manchmal auch Halbhöhlen in alten Bäumen. Der Balzflug ist dem des Turmfalken sehr ähnlich.

LEGEBEGINN Ab Mitte Mai.

GELEGEGRÖSSE Meist 3 oder 4 Eier (37 × 29 mm; 21 g), die auf hellem Grund rotbraun gefleckt sind.

LEGEABSTAND 2 Tage.

BRUTDAUER Auffallend kurz, nur 22–25 Tage. Beide Partner brüten, jedoch überwiegend das Weibchen. Die Jungen werden bis zum Alter von 10–12 Tagen vom Weibchen gehudert und bewacht, während das Männchen Futter bringt. Danach fliegt auch das Weibchen auf die Jagd und bringt Beute.

Rotfußfalken-Weibchen frisst eine Beute im Flug.

NESTLINGSDAUER 26–28 Tage. Die ausgeflogenen Jungen sind schon nach 2 Wochen selbstständig.

FORTPFLANZUNGSRATE 1,6 flügge Junge pro Paar und Jahr.

ÜBERLEBENSRATEN unbekannt

HÖCHSTALTER 13 Jahre, durch Beringung festgestellt.

WANDERUNGEN Zugvogel, der den Winter im südlichen Afrika verbringt. Abzug aus dem Brutgebiet im August, wobei die Vögel aus Russland zunächst nach Westen ziehen und erst im Bereich der Balkanländer nach Süden schwenken. Im Süden der Ukraine wurden in den letzten Jahren mehrere Gemeinschaftsrastplätze von durchzie-

Rotfußfalken-Paar am Nest, Männchen links, Weibchen rechts.

henden Rotfußfalken entdeckt, die alljährlich im August und September genutzt werden. Die höchste Anzahl ist im September 2009 mit 21 000 Individuen festgestellt worden. Der Heimzug im Frühjahr verläuft generell weiter westlich, indem er von Nordwestafrika aus im April/Mai über Italien und die Balkanländer nach Nordosten führt. Zu einem geringen Teil verläuft er sogar über Südfrankreich und die Schweiz am Nordrand der Alpen entlang in östlicher Richtung.

BESTANDSVERHÄLTNISSE IN EUROPA Der Gesamtbestand des Rotfußfalken in Europa wird derzeit auf rund 47 000 Paare geschätzt (30 300–63 400 Paare). Das Hauptvorkommen liegt im europäischen Russland mit mehr als 30 000 Paaren, weitere bedeutende Vorkommen in der Ukraine und Rumänien mit jeweils mehr als 1000 Paaren. In Ungarn starker Rückgang auf nur noch 500–600 Paare. Weitere, zahlenmäßig kleine Vorkommen in Serbien und Montenegro sowie in Bulgarien, Moldawien und als Randvorkommen in Italien.

BESTANDSGEFÄHRDUNG Von der IUCN wird die Art als „potenziell gefährdet" geführt. Sowohl in Europa als auch im Gesamtverbreitungsgebiet nimmt der Rotfußfalke ab. Die hauptsächlichen Gefährdungsfaktoren sind Verschlechterungen des Lebensraumes (Nutzungs- und Bewirtschaftungsveränderungen, Intensivierung) mit einhergehendem deutlichem Rückgang der Nahrungsgrundlage (hauptsächlich Käfer und Heuschrecken) infolge Pestizidanwendung.

Baumfalke

— Falco subbuteo 029

EURASIAN HOBBY – FAUCON HOBEREAU – ALCOTÁN EUROPEO
LÄNGE: 30–36 cm
SPANNWEITE: 74–84 cm
GEWICHT: ♂ 200 g, ♀ 250 g

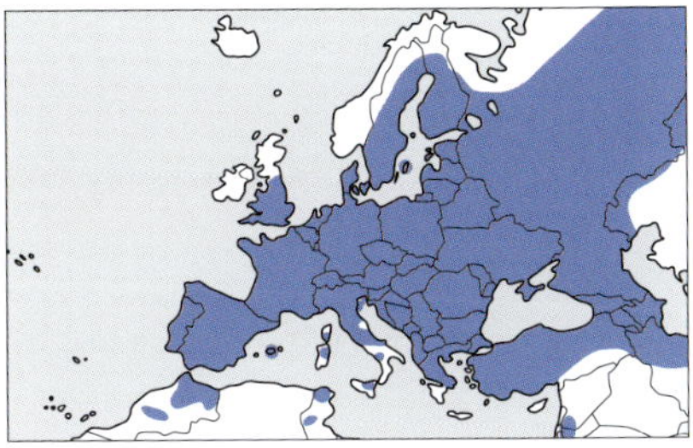

VORKOMMEN IN MITTELEUROPA Der Baumfalke ist über ganz Mitteleuropa verbreitet, jedoch nirgends häufig. Am ehesten kann man ihn im Tiefland antreffen; große Teile des mitteleuropäischen Bestandes leben in den Niederlanden, in Deutschland und in Polen. Als ausgesprochener Zugvogel, der den Winter in Afrika verbringt, hält er sich bei uns im Brutgebiet nur von April bis Oktober auf. An die Jagd im freien Luftraum ist der Baumfalke besonders gut angepasst; er fliegt so schnell und gewandt, dass er sogar Schwalben und Segler erbeuten kann.
BEOBACHTUNG Im Sommerhalbjahr kann man Baumfalken im offenen Gelände, auch in der Nähe von menschlichen Siedlungen bei der Jagd auf Kleinvögel oder fliegende Insekten beobachten. Eine Baumfalken-Familie im August mit flüggen Jungen bei ihren Flügen mit Beuteübergaben zu erleben, ist wirklich sehr beeindruckend.
KENNZEICHEN Mit seinem schlanken, schnittigen Flugbild erinnert der Baumfalke etwas an das des Mauerseglers in entsprechender Vergrößerung. Er hat sehr lange und spitze, sichelförmige Flügel und einen relativ kurzen Schwanz. An der

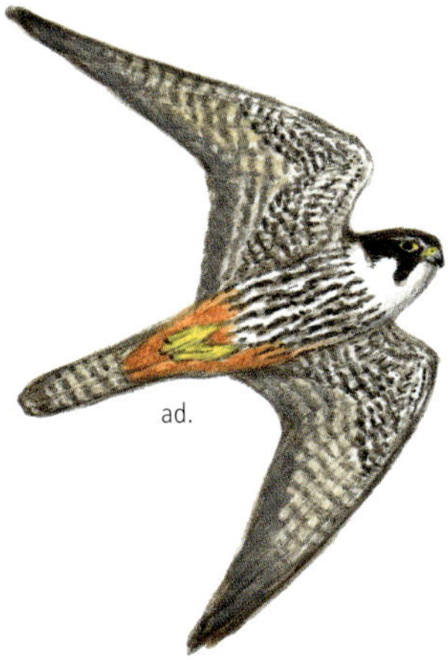

Baumfalken-Paar bei einer gemeinsamen Ruhepause.

dunkelbraunen Oberseite und am deutlich kürzeren Schwanz kann man ihn leicht vom etwa gleich großen Turmfalken unterscheiden. Außerdem rüttelt der Baumfalke so gut wie nie, sondern jagt in schnellem Flug über weite Strecken. Sehr kennzeichnend ist auch der schmale schwarze Backenstreif, der sich scharf von dem Weiß an Kehle und Wangen abhebt. Die Unterseite des Körpers zeigt auf hellem Grund kräftige dunkle Längsflecken. Hosen und Unterschwanzdecken sind bei Altvögeln rostrot, bei Jungvögeln dagegen gelblich. Außerdem sind Jungvögel auch daran zu erkennen, dass bei ihnen Kehle und Wangen gelb statt weiß sind; die Streifung der Unterseite ist dichter als bei den Altvögeln; die Schwanzfedern zeigen einen hellen, gelblichen Saum.

STIMME Eine rasche Folge von hohen „gigigigig"-Rufen, ein lockendes „pitt-pitt" und ein bettelndes „gäd-gäd-gäd". Am Brutplatz außerdem einige weitere Lautäußerungen.

VERBREITUNG Fast ganz Europa – ausgenommen große Teile der Britischen Inseln, Irland und Island, Norwegen sowie die Nordhälfte Schwedens und Finnlands – und in einem breiten Gürtel quer durch Asien bis zum Stillen Ozean. In China lebt eine etwas kleinere Baumfalken-Unterart. Der europäische Anteil an der weltweiten Verbreitung wird auf 30 % geschätzt.

LEBENSRAUM Der Baumfalke bevorzugt die Randpartien von alten Kiefernwäldern, wo er Krähennester zur Brut benutzt, um über dem anschließenden offenen Gelände zu jagen. Die Brutplätze können aber auch am Rand von Laub- und Mischwäldern, in Parklandschaften, Auwäldern, Feldgehölzen oder Baumreihen liegen. Meist lebt er in der Nähe von Feuchtgebieten (Teichen und Seen), wo man ihn z. B. bei der Jagd auf Libellen beobachten kann. Oft jagt er auch über Dörfern und in den Randzonen von Städten auf Kleinvögel. Generell ist er im Tiefland häufiger als in gebirgigen Gegenden. Es wurden aber schon Brutplätze in Höhenlagen von 1000 m über NN gefunden.

SIEDLUNGSDICHTE UND REVIERGRÖSSE
In sehr günstigen Gebieten kann die Siedlungsdichte 7–13 Brutpaare auf 100 km^2 betragen. So wurden im Westen von Berlin auf einer Untersuchungsfläche von rund 220 km^2 (davon 75 km^2 Wald) im Jahr 1964 insgesamt 28 Brutpaare festgestellt; benachbarte Brutplätze waren im Mittel knapp 2 km voneinander entfernt, in einem Fall

Baumfalke ruft in einem rasanten Flugmanöver, mit voll aufgefächertem Schwanzgefieder lenkend.

nur 370 m. Heute ist der Brutbestand im selben Gebiet nur noch etwa halb so groß. In weniger günstigen Gebieten beträgt die Siedlungsdichte nur 1–3 Brutpaare auf 100 km^2; dies scheint gegenwärtig für die meisten Bereiche zu gelten. Das Jagdrevier des Männchens liegt in der Regel 2–3 km vom Nest entfernt.

JAGDWEISE UND ERNÄHRUNG Sehr schneller und wendiger Luftjäger, der aus dem Schräg- oder Steilstoß, manchmal auch aus flachem Pirschflug fliegende Kleinvögel erbeutet. In der Reihenfolge der Häufigkeit handelt es sich vor allem um Sperlinge, Schwalben, Lerchen, Mauersegler, Finken, Stare und Ammern. Aber auch viele andere Arten von Kleinvögeln werden erbeutet, so z. B. in Berlin auch erstaunlich viele entflogene Wellensittiche. Daneben fängt der Baumfalke gelegentlich Fledermäuse und häufig Insekten, vor allem Libellen und Käfer, oft noch in der Abenddämmerung. Im afrikanischen Winterquartier ernährt er sich hauptsächlich von schwärmenden Termiten.

FORTPFLANZUNG Baumfalken brüten erstmalig im Alter von 2 Jahren mit Erfolg. Aufgrund der sehr ausgeprägten Brutortstreue sind die Partner eines Paares über mehrere Jahre hinweg dieselben, solange sie leben. Nach dem Eintreffen im Brutgebiet findet ab Ende April/Anfang Mai die Balz statt mit häufigem Rufen, Balzflügen, „Zeigen" des Nestes und Beuteübergaben vom Männchen an das Weibchen. Als Brutplätze dienen Nester von Raben- bzw. Nebelkrähen und Kolkraben sowie selten auch leere Nester von größeren Greifvögeln. Es werden sowohl vorjährige als auch neue Nester, in denen die Krähen im Jahr bereits gebrütet und Junge aufgezogen haben, genutzt. Da die jungen Krähen schon im Mai ausfliegen, die

Baumfalken aber erst ab Ende Mai mit der Brut beginnen, ist eine solche Folgenutzung eines Nestes gut möglich. Hoch stehende Nester mit freiem Anflug werden bevorzugt. Baumfalken lassen sich gut durch Anbringung von Nistkörben auf Bäumen und Masten von Freileitungen unterstützen.

LEGEBEGINN Ab Ende Mai, meist Anfang Juni.

GELEGEGRÖSSE 2–4, meist 3 Eier (42 × 33 mm; 24 g), die auf gelblich braunem Grund kleine, dunkle Flecken oder Punkte zeigen.

LEGEABSTAND 2 Tage.

BRUTDAUER 28–31 Tage. Während dieser Zeit verhalten sich Baumfalken sehr unauffällig. Es brütet fast ausschließlich das Weibchen, das vom Männchen am Morgen und gegen Abend mit Beute versorgt wird. Auch bei der Jungenaufzucht herrscht strenge Arbeitsteilung. Das Weibchen hudert, füttert und bewacht die Jungen, attackiert Eindringlinge und fliegt dem mit Beute ankommenden Männchen entgegen, um ihm die Beute in der Luft abzunehmen.

NESTLINGSDAUER 28–34 Tage. Nach dem Ausfliegen – meist Mitte August – verhalten sich die Jungen sehr auffällig, rufen intensiv, sobald sich ein Altvogel mit Beute nähert, und fliegen ihm entgegen, um die Beute zu übernehmen. Trotz eigener erfolgreicher Insektenjagd werden die Jungen noch bis Mitte September vom Männchen gefüttert, also bis kurz vor dem Abzug ins Winterquartier.

FORTPFLANZUNGSRATE Schwankt beträchtlich in Abhängigkeit von den Witterungsverhältnissen und beträgt im Mittel 1,9 flügge Junge pro Paar und Jahr. In manchen Jahren und Regionen kann der Anteil erfolgreicher Bruten ausgesprochen gering sein.

ÜBERLEBENSRATEN Im 1. Lebensjahr etwa 40 %, in späteren Lebensjahren etwa 78 %.

HÖCHSTALTER 15 Jahre, durch Beringung festgestellt.

WANDERUNGEN Der Baumfalke ist ein typischer Zugvogel, der das Brutgebiet im September verlässt, z. T. auch erst Anfang Oktober, um im tropischen Afrika südlich des Äquators zu überwintern. Auf dem Weg dorthin überquert er das Mittelmeer und die Sahara im Breitfrontzug. Rückkehr ins Brutgebiet im April, Jungvögel meist erst im Mai.

BESTANDSVERHÄLTNISSE IN EUROPA Der Gesamtbestand des Baumfalken in Europa wird derzeit auf rund 120 000 Paare geschätzt (92 100–147 000 Paare). Das Hauptvorkommen liegt in Osteuropa, allen voran im europäischen

Baumfalke füttert seinen ca. 3 Wochen alten Jungvogel.

In einer kurzen Ruhephase hat der Baumfalke seine Augenlider fest geschlossen.

Russland, der Baumfalke ist aber auch in allen anderen Regionen nirgends wirklich selten oder fehlend. Weitere bedeutende Vorkommen in Mitteleuropa, West- und Südwesteuropa, Nord- und Nordwesteuropa sowie auf dem Balkan vor allem in Rumänien.

BESTANDSGEFÄHRDUNG Von der IUCN wird die Art als „nicht gefährdet" geführt. Innerhalb des Gesamtverbreitungsgebietes nimmt der Baumfalke lokal ab, in Europa wird der Bestand aber als stabil eingeschätzt. Mangel und Störungen an Brutplätzen sowie die Belastung mit Bioziden in Verbindung mit einer Verringerung des Nahrungsangebotes (Rückgang von Kleinvogel- und Insektenbeständen) führen beim Baumfalken zu Bestandsabnahmen.

Eleonorenfalke

— *Falco eleonorae* 030

ELEONORA'S FALCON – FAUCON D'ELÉONORE – HALCÓN DE ELEONORA
LÄNGE: 41–43 cm
SPANNWEITE: 85–100 cm
GEWICHT: ♂ 330 g, ♀ 400 g

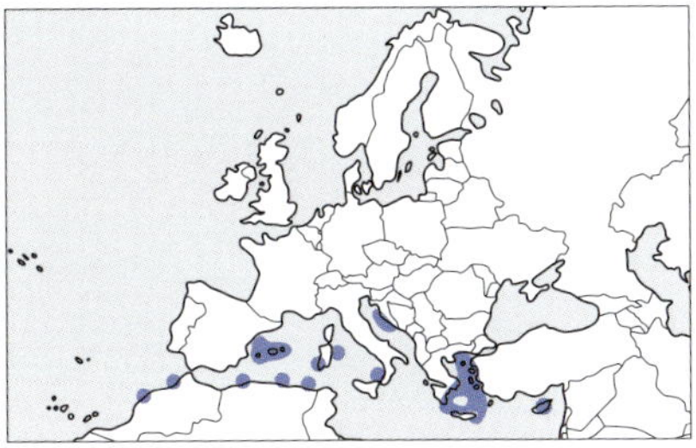

VORKOMMEN IN MITTELEUROPA Die Brutgebiete des Eleonorenfalken liegen auf Inseln im Mittelmeer sowie im anschließenden Bereich des Atlantiks. In Mitteleuropa ist er kaum anzutreffen.
BEOBACHTUNG Weil die griechische Inselwelt der Ägäis als das Verbreitungszentrum dieser Art anzusehen ist, empfiehlt es sich, im September während der Jungenaufzucht dort nach Eleonorenfalken Ausschau zu halten. Außerdem gibt es in der Steilküste bei Cap Formentor an der Nordostecke der spanischen Insel Mallorca eine Brutkolonie, in die man von einem oberhalb gelegenen Parkplatz ganz bequem hineinschauen kann.
KENNZEICHEN Im Flug dem Baumfalken sehr ähnlich, jedoch deutlich größer; hat sehr lange, spitze Flügel und einen verhältnismäßig langen Schwanz. Auch beim stehenden Vogel fällt die sehr schlanke Gestalt auf. Es gibt 2 vom Geschlecht unabhängige Färbungstypen: eine helle Morphe, die dem Baumfalken ähnelt, und eine dunkle Morphe, die fast einheitlich dunkelbraun bis schwarz gefärbt ist. Jedoch haben nur 20–32 % aller Eleonorenfalken dieses dunkle Gefieder. Altvögel der hellen Morphe sind nur oberseits dunkelbraun bis schwarz, unterseits dagegen auf hellem oder rostfarbenem Grund dunkel längs gefleckt,

Eleonorenfalke der dunklen Morphe bei einem plötzlichen Richtungswechsel mit maximal aufgespreizten Flügeln und Schwanzfedern.

während das Weiß an Kehle und Wangen einen starken Kontrast bildet zu dem Schwarz des Oberkopfes und Bartstreifes. Jungvögel sind generell etwas heller gefärbt als Altvögel.

STIMME Am Brutplatz sind „kjä-kjä-kjäk"-Rufreihen und einige andere Lautäußerungen zu hören.

VERBREITUNG Lokal beschränkte Brutkolonien an den Felsküsten kleiner und größerer Inseln im Mittelmeer, vor allem in der Ägäis; außerdem auf Kreta und Zypern, an den Küsten Dalmatiens und Italiens, Tunesiens und Algeriens sowie auf den Balearen; schließlich auf den Mogador-Inseln (Marokko) und auf den Kanarischen Inseln im östlichen Atlantik. Der europäische Anteil an der weltweiten Verbreitung wird auf mehr als 95 % geschätzt.

LEBENSRAUM Von Menschen unbewohnte Felsinseln bzw. unzugängliche Steilküsten als Brut- und Ruheplätze, dazu der Luftraum über dem Meer als Jagdgebiet auf durchziehende Kleinvögel.

SIEDLUNGSDICHTE UND REVIERGRÖSSE Als Koloniebrüter – mit bis zu 300 Brutpaaren auf einer kleinen Insel von ca. 0,6 km^2 Fläche – zeigt der Eleonorenfalke nur geringes Territorialverhalten. Die Abstände zwischen benachbarten Brutplätzen betragen mitunter nur wenige Meter. Der Luftraum über und vor der Brutinsel wird als gemeinsames Jagdgebiet genutzt. Vor Beginn des herbstlichen Vogelzuges werden auch weiter entfernt liegende Jagdgebiete aufgesucht.

JAGDWEISE UND ERNÄHRUNG Ausgesprochener Flugjäger, der außerhalb der Brutzeit fast nur fliegende Insekten (vor allem Käfer) erbeutet. Im Verlauf der Brutzeit, die optimal an den herbstlichen Durchzug von Singvögeln im Mittelmeerraum angepasst ist und deshalb erst Ende Juli

Eleonorenfalke der hellen Morphe hat einen Distelfalter im Schnabel gebracht.

beginnt, gehen die Eleonorenfalken von der Insektenjagd zur Vogeljagd über. Zur Jungenaufzucht zwischen Ende August und Mitte Oktober erbeuten sie fast ausschließlich durchziehende Kleinvögel, die dann ein überaus reiches Nahrungsangebot bilden. Schon in der Morgendämmerung beginnen die Falken aus dem sogenannten „Standfliegen" gegen den Wind, mehrere Hundert Meter über ihrer Brutinsel, auf die nachts ziehenden und dann am Morgen über das Meer kommenden Kleinvögel zu jagen. Obwohl diese Durchzügler z. T. erschöpft sind, gibt es bei den Jagden oft Fehlstöße. Weil aber häufig mehrere Falken auf denselben Vogel jagen, gelingt schließlich doch dessen Fang. Der Eingriff der Eleonorenfalken in die großen Mengen von Kleinvögeln, die im Herbst von Europa nach Afrika ziehen, beträgt insgesamt schätzungsweise nur 0,03 %.

FORTPFLANZUNG Weibchen brüten in der Regel erstmalig im Alter von 2 Jahren, Männchen im Alter von 3 Jahren, und zwar meist in der gleichen Brutkolonie, in der sie selbst aufgewachsen sind. Als Brutplätze dienen möglichst schattige Löcher und Nischen in Steilküsten oder unter Steinbrocken, aber auch offene Stellen.

LEGEBEGINN Ab Mitte Juli.

GELEGEGRÖSSE Meist 2 oder 3, mitunter auch 4 Eier (43 × 34 mm; 26 g), die auf hellem Grund eine dichte, rötlich braune Fleckung zeigen.

LEGEABSTAND 2 Tage. Brut ab 1. Ei.

BRUTDAUER 28–30 Tage. Es brütet überwiegend das Weibchen, das auch die Jungen bewacht und mit der Beute füttert, die vom Männchen herbeigebracht wird. Erst wenn die Jungen schon ein paar Wochen alt sind, beteiligt sich auch das Weibchen an der Beutebeschaffung.

Eleonorenfalke bei der Fütterung seiner Jungen mit einem Kleinvogel.

Eleonorenfalken-Paar (links helle Morphe, rechts dunkle Morphe im Abflug) am Brutplatz.

NESTLINGSDAUER Ca. 37 Tage. Nach dem Ausfliegen werden die Jungen noch etwa 3 Wochen von den Eltern versorgt, bis sie selbstständig sind.

FORTPFLANZUNGSRATE 1,3–2,3 flügge Junge pro Paar und Jahr.

ÜBERLEBENSRATEN Im 1. und 2. Lebensjahr insgesamt nur etwa 22 %, in späteren Lebensjahren dagegen etwa 87 %.

HÖCHSTALTER 16 Jahre, durch Beringung festgestellt.

WANDERUNGEN Ab Ende Oktober findet der Abzug aus dem Brutgebiet statt. Der Eleonorenfalke ist ein Langstreckenzieher. Wie durch neueste Ergebnisse der Satelliten-Telemetrie nachgewiesen worden ist, wandern Jungvögel – ohne Führung durch die Eltern, also mit einem angeborenen Navigationsmodus – sowie auch die Altvögel auf sehr individuellen Routen quer über den afrikanischen Kontinent zu ihren Überwinterungsgebieten in Madagaskar, Ostafrika und den Mascarene-Inseln im Indischen Ozean rund 9000 km weit. Die Rückkehr in den Mittelmeerraum erfolgt im April. An den Brutplätzen sind die Falken jedoch erst ab Mai oder Juni zu beobachten.

BESTANDSVERHÄLTNISSE IN EUROPA Der Gesamtbestand des Eleonorenfalken in Europa wird derzeit auf rund 14 400 Paare geschätzt (14 300–14 500 Paare). Das Hauptvorkommen liegt in der Inselwelt der Ägäis in Griechenland mit mehr als 12 000 Brutpaaren. Außerdem brüten etwa 1000 Paare auf den Balearen und Kanaren sowie etwa 550 Paare auf italienischen Inseln.

BESTANDSGEFÄHRDUNG Von der IUCN wird die Art als „nicht gefährdet" geführt, die Bestände werden als stabil eingeschätzt. Neben dem Rotmilan ist der Eleonorenfalke die Greifvogelart mit dem größten Anteil seiner Gesamtverbreitung in Europa.

Wanderfalke

— Falco peregrinus 031

PEREGRINE FALCON – FAUCON PÉLERIN – HALCÓN PEREGRINO
LÄNGE: ♂ ca. 38 cm, ♀ ca. 45 cm
SPANNWEITE: ♂ ca. 90 cm, ♀ ca. 105 cm
GEWICHT: ♂ 580–720 g (ca. 610 g), ♀ 860–1090 g (ca. 940 g)

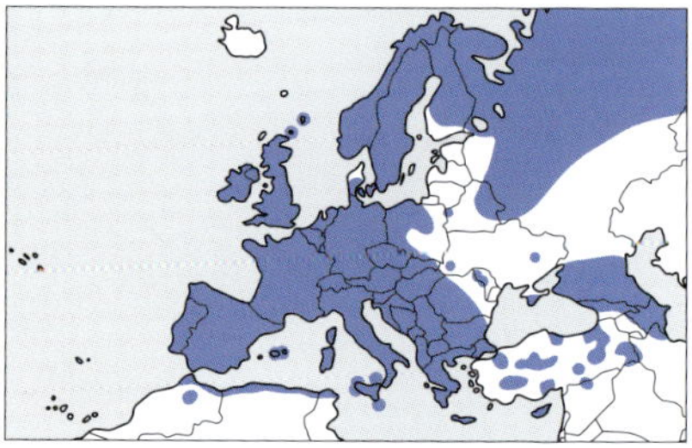

VORKOMMEN IN MITTELEUROPA Vor etwa 80 Jahren war der Wanderfalke in Mitteleuropa ein weitverbreiteter, wenn auch seltener Brutvogel. Er nistete in den Mittelgebirgen und Alpen an Steilwänden von Felsen oder in Steinbrüchen. Im Bereich der Norddeutschen und Polnischen Tiefebene gab es eine Baumbrüter-Population, die in alten Nestern des Fischadlers, des Seeadlers oder anderer Vogelarten brütete. In den 1950er- und 1960er-Jahren ereignete sich jedoch – nicht nur in Mitteleuropa – ein Zusammenbruch des Bestandes, der hauptsächlich auf die Belastung mit Pestiziden zurückzuführen war. Dabei sind die Vorkommen im größten Teil Mitteleuropas völlig erloschen, speziell die Baumbrüter-Population. Lediglich in Süddeutschland blieb ein kleiner Restbestand von ca. 50 Paaren erhalten. Erst nachdem die Anwendung bestimmter Pestizide verboten wurde, zeigte der Wanderfalke eine sehr erfreuliche Bestandserholung. Inzwischen gibt es in Deutschland mehr als 1400 Paare, in der Schweiz und in Österreich, in den Benelux-Ländern, in der Slowakei, Tschechien, Polen und Ungarn brüten wieder Wanderfalken. Der Gesamtbestand in Mitteleuropa wird derzeit auf rund 2500 Paare geschätzt.

ad.

♂/ad.

♀/juv.

Wanderfalken-Paar (unten das größere Weibchen) bei einer Ruhepause und Beobachtung der Umgebung.

Wanderfalken-Weibchen erregt rufend bei einer engen Wendung im Flug.

BEOBACHTUNG Besonders an ihren Brutplätzen in vielen Großstädten, an Kirchen und anderen hohen Gebäuden, kann man Wanderfalken schon ab Ende Februar bei den Balzflügen leicht beobachten und in der Folgezeit bei der Brut und Jungenaufzucht erleben. Aufgrund der aktuell guten Bestandsentwicklung kann man an vielen Stellen und im ganzen Jahresverlauf mit Beobachtungen des Wanderfalken rechnen.

KENNZEICHEN Im Flug ist der Wanderfalke an seiner Größe – verglichen mit einer Straßentaube ist er generell größer –, an den langen, spitzen Flügeln und am relativ kurzen Schwanz zu erkennen, außerdem an den schnellen, kraftvollen Flügelschlägen. Die Männchen sind deutlich kleiner als die Weibchen. Im Vergleich zu den 3 anderen großen Falkenarten – Gerfalke, Würgfalke und Lannerfalke – sind die Flügel des Wanderfalken schmaler, sein Körper wirkt gedrungener und der Schwanz ist deutlich kürzer. Ein wichtiges Erkennungsmerkmal ist der sehr dunkle Oberkopf und insbesondere der breite schwarze Backenstreif, der sich scharf gegen das Weiß von Wangen und Kehle abhebt.
Die Gefiederfärbung ist bei Altvögeln oberseits blaugrau, unterseits hell mit dunkler Querbänderung bzw. kleinen dunklen Tropfenflecken auf der Brust. Anhand der Querbänderung auf der Unterseite kann man Altvögel des Wanderfalken sicher von allen anderen ähnlichen Falkenarten unterscheiden, auch von Eleonorenfalken und Baumfalken, die im Übrigen schlanker und kleiner sind. Bei Jungvögeln, die oberseits graubraun, unterseits auf rostfarbenem Grund dunkel längs gefleckt sind, gibt es eher Verwechslungsmöglichkeiten mit anderen Falkenarten.

STIMME Am Brutplatz häufige und sehr auffällige Lautäußerungen: in der Erregung helle und scharfe „kozick"-Rufe, bettelndes „Lahnen", das wie „gähg-gähg-gähg" klingt, sowie bei Störungen raue „grä-grä-grä"-Rufreihen.

Wanderfalke ruft an seinem Brutplatz in einer Felswand.

VERBREITUNG Als Kosmopolit ist der Wanderfalke in 19 Unterarten fast über die ganze Erde verbreitet. Er bewohnt große Teile Europas und Asiens, Afrikas, Amerikas, Australiens. In Europa fehlt er nur auf Island und in den Steppengebieten im Süden Russlands von jeher als Brutvogel. Der europäische Anteil an der weltweiten Verbreitung wird auf 13 % geschätzt.

LEBENSRAUM Da der Wanderfalke im freien Luftraum jagt, ist er außerhalb der Brutzeit in fast allen Landschaftsformen zu beobachten, vorzugsweise aber über offenem Gelände und an Gewässern mit reichem Vogelleben. Zum Brüten ist er jedoch im größten Teil Europas auf steile Felswände angewiesen, wobei freier Anflug zum Brutplatz gegeben sein muss. Genauso können auch Steinbruchwände oder hohe Gebäude als Brutplatz dienen, ebenso Nester von Fischadlern auf Stromleitungsmasten in der freien Feldflur. In den großen Wäldern im nordöstlichen Mitteleuropa hat sich eine Baumbrüter-Population durch Wiederansiedlungsprojekte etabliert. Außerdem gibt es auf Nordseeinseln, in Nordschweden und Finnland, in Estland und Nordrussland Bodenbruten, überwiegend in großen, unzugänglichen Hochmooren.

SIEDLUNGSDICHTE UND REVIERGRÖSSE In optimalen Lebensräumen mit günstigen Brutplätzen kann die Siedlungsdichte recht hoch sein, sodass benachbarte Paare mitunter nur 1–2 km voneinander entfernt brüten. Nur das Brutrevier im Umkreis von einigen Hundert Metern um den Horst wird gegen Artgenossen verteidigt. Die Jagdflüge erstrecken sich jedoch mindestens 3 km weit vom Nest. Folglich umfasst der Lebensraum eines Paares während der Brutzeit mindestens 30 km^2.

JAGDWEISE UND ERNÄHRUNG Der Wanderfalke jagt fast nur im freien Luftraum fliegende Vögel (und gelegentlich Fledermäuse), entweder von einer erhöhten Ansitzwarte aus oder aus ho-

Wanderfalke in einem Baumhorst bei der Fütterung seiner Jungen mit einer Taube.

hem Kreisflug. Oft jagt er Vögel auf mehr als 1 km Entfernung an. Dabei kann er seinen Flug enorm beschleunigen und erreicht im Steilstoß – mit angelegten Schwingen – eine Geschwindigkeit von über 300 km/h. Es ist äußerst eindrucksvoll, dies zu beobachten. Allerdings führt nicht jeder Jagdflug zum Erfolg, weil ein verfolgter Vogel sich oft noch im letzten Moment durch Änderung der Flugrichtung retten kann. Das Beutespektrum ist generell sehr breit und umfasst auch viele Kleinvogelarten; es kann je nach örtlichem Angebot verschieden zusammengesetzt sein. In der Regel sind Straßentauben die Hauptbeutetiere; daneben spielen Stare und Drosseln, Kernbeißer, Limikolen

und Lachmöwen als Beute eine herausragende Rolle. Gelegentlich, vor allem im Winter, jagen die Partner eines Paares oft gemeinsam in sogenannter „Kompaniejagd".

FORTPFLANZUNG Die Geschlechtsreife wird in der Regel erst im 2. Lebensjahr erreicht, auch wenn gelegentlich ein Vogel im Jugendkleid als Partner eines Paares beobachtet wird. Generell ist der Bruterfolg bei Erstbrütern geringer als bei älteren Vögeln. Die Paarbildung kann bereits im Herbst stattfinden, wo schon balzähnliches Verhalten zu beobachten ist. Die Partner eines Paares bleiben meist lebenslang zusammen. Mitteleuropäische Brutpaare sind Standvögel, die auch den Winter über in ihrem Revier leben. Die eigentliche Balz beginnt im Februar mit Balzflügen, häufigem Rufen, zunehmender Nestbindung des Weibchens und Balzfüttern durch das Männchen. Wanderfalken brüten vielerorts in Nistkästen an hohen Gebäuden und in Nordostdeutschland auch in Nistkörben, die speziell für sie in Wäldern angebracht werden.

LEGEBEGINN Ab Mitte März.

GELEGEGRÖSSE 3–4 Eier (51 × 41 mm; 45 g), die auf gelblichem Grund eine dichte, rotbraune Fleckung zeigen.

LEGEABSTAND 2 Tage.

BRUTDAUER 34 Tage. Es herrscht Arbeitsteilung zwischen den Geschlechtern. Während das Weibchen brütet und die kleinen Jungen hudert und bewacht, trägt das Männchen Nahrung herbei. Nur während der kurzen Zeitspanne, in der das Weibchen kröpft und anschließend einen Bewegungsflug ausführt, bedeckt das Männchen das Gelege. Wenn die Jungen etwa 3 Wochen alt sind, fliegt auch das Weibchen auf die Jagd. Beide Eltern füttern dann die Jungen bzw. übergeben ihnen die Beute.

NESTLINGSDAUER 35–42 Tage. Nach dem Ausfliegen werden die Jungen noch etwa 4 Wochen von den Eltern mit Nahrung versorgt; zum Teil werden sogar lebende Beutetiere gebracht und vor den Jungen losgelassen, damit sie selbstständiges Schlagen lernen.

FORTPFLANZUNGSRATE Durchschnittlich 2,5 flügge Junge pro Paar und Jahr.

ÜBERLEBENSRATEN Im 1. Lebensjahr ca. 40 %, im 2. Lebensjahr ca. 75 %, in späteren Lebensjahren ca. 85 %.

HÖCHSTALTER 17 Jahre in freier Natur, durch Beringung festgestellt; 21 Jahre in Gefangenschaft.

WANDERUNGEN Die nord- und nordosteuropäischen Populationen sind Zugvögel, die in Mittel- und Westeuropa überwintern. Im übrigen Europa bleiben die Altvögel meist das ganze Jahr über im Brutrevier, sind also Standvögel. Nur die Jungvögel verstreichen mehr oder weniger weit.

Zwei eben flügge junge Wanderfalken warten darauf, dass die Eltern Nahrung bringen.

Mitteleuropäische Jungvögel ziehen im Herbst häufig in südwestlicher Richtung ab, um in Frankreich zu überwintern.

BESTANDSVERHÄLTNISSE IN EUROPA
Der Gesamtbestand des Wanderfalken in Europa wird derzeit auf rund 21 800 Paare geschätzt (14 900–28 800 Paare). Die Hauptvorkommen liegen in West- und Südwesteuropa (Spanien, Italien, Großbritannien, Frankreich), Mitteleuropa und dem europäischen Russland. In Nordeuropa brütet ein großer Anteil der dortigen Population in Norwegen.

BESTANDSGEFÄHRDUNG Von der IUCN wird die Art als „nicht gefährdet" geführt. Sowohl im Gesamtverbreitungsgebiet als auch in Europa nimmt der Wanderfalke zu. Bedrohungen sind aber immer noch Verfolgungen (illegale Entnahmen von Eiern oder Jungen), akute Vergiftungen und Abschuss sowie chronische Belastungen durch Umweltgifte.

Gerfalke

— *Falco rusticolus* 032

GYRFALCON – FAUCON GERFAUT – HALCÓN GERIFALTE
LÄNGE: 50–60 cm
SPANNWEITE: ♂ 110–120 cm, ♀ 120–130 cm
GEWICHT: ♂ 1070 g, ♀ 1710 g

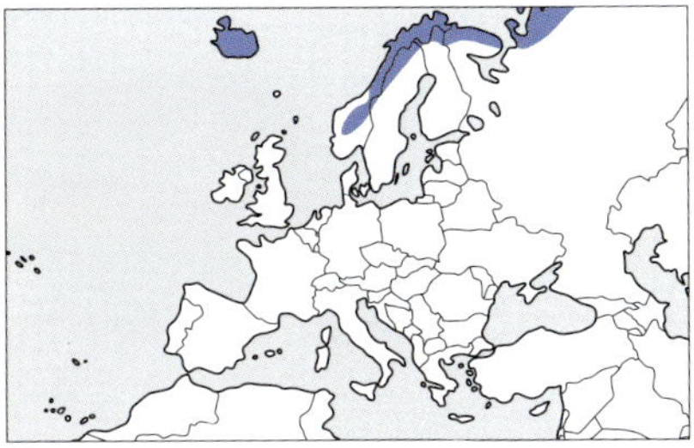

VORKOMMEN IN MITTELEUROPA Dieser größte Falke verstreicht aus seinen nordeuropäischen Brutgebieten nur sehr selten und unregelmäßig bis nach Mitteleuropa. Er ist dann im Herbst und Winter nur ausnahmsweise zu beobachten, am ehesten in den Küstenbereichen Schleswig-Holsteins und Mecklenburgs.
BEOBACHTUNG Um Gerfalken am Brutplatz zu beobachten, fährt man am besten nach Island. Dort kann man unter strikter Rücksichtnahme auf die anwesenden Vögel sehr gute Beobachtungen machen.
KENNZEICHEN Im Flug ist der Gerfalke an der deutlich größeren Gestalt, den breiteren, nicht ganz so spitzen Flügeln und dem längeren Schwanz gut vom Wanderfalken zu unterscheiden. Die Färbung des Gefieders variiert von graubraun und grau in der Subarktis bis fast einfarbig schneeweiß in hocharktischen Gebieten (z. B. im nördlichen Grönland). Der Backenstreif ist sehr schmal bzw. fehlt bei den weißen Vögeln.
Bei nordeuropäischen Gerfalken haben Altvögel eine graue Oberseite mit dunkler Querbänderung, während die weißliche Unterseite mehr oder weni-

ad.

Grönland

ad.

juv.

Gerfalke auf seiner Warte aufgeregt mit geöffnetem Schnabel rufend

ger von dunklen Flecken bedeckt ist. Jungvögel sind oberseits einfarbig graubraun, unterseits auf hellem Grund dunkel längs gefleckt.

STIMME Am Brutplatz und bei Erregung tiefe und raue „kjak-kjak-kjak"-Rufreihen.

VERBREITUNG In den arktischen Gebieten Eurasiens und Nordamerikas zirkumpolar verbreitet. Der europäische Anteil an der weltweiten Verbreitung wird auf 13 % geschätzt.

LEBENSRAUM Braucht offene Landschaften zum Jagen und Felsen zum Brüten. Deshalb bevorzugt er in der arktischen Tundra die weiten Flusstäler mit Felsen an den Hängen. Ebenso lebt er an Felsküsten, besonders in der Nähe von Seevogelkolonien. In Skandinavien bewohnt er auch die Fjällgebiete oberhalb der Baumgrenze und brütet in Felswänden der Taleinschnitte.

SIEDLUNGSDICHTE UND REVIERGRÖSSE Generell schwanken der Brutbestand und die Siedlungsdichte des Gerfalken sehr stark in Abhängigkeit von den zyklischen Bestandsschwankungen seiner Hauptbeutetiere, der Schneehühner. Auf Kontrollflächen in Island brütete in Jahren mit geringen Schneehuhn-Beständen kein einziges Gerfalken-Paar, während in einem Jahr mit großen Vorkommen des Schneehuhns 7 Gerfalken-Brutpaare auf einer Fläche von 440 km^2 festgestellt wurden. Somit entfielen nur 63 km^2 auf 1 Paar; jedoch sind die Jagdreviere normalerweise erheblich größer, d. h. rund 300 km^2.

JAGDWEISE UND ERNÄHRUNG Der Gerfalke übertrifft alle anderen Falken an Schnelligkeit und Wendigkeit. Er ist ein äußerst vielseitiger Jäger, der seine Beute sowohl in der Luft als auch am Boden schlagen kann. Dicht über den Boden hinwegjagend, erfasst er ein Beutetier und reißt es mit sich. Obwohl fast alle in seinem Lebensraum vorkommenden Arten von Vögeln und kleineren Säugern von ihm erbeutet werden können, ist der Gerfalke während der Brut und Jungenaufzucht oft fast ausschließlich auf Schneehühner spezialisiert, die dann ca. 90 % der Nahrung bilden. Dies ergaben Untersuchungen sowohl in Norwegen als auch in Island. Lediglich im Gebiet des Myvatn (Island) wurden in stärkerem Maße Enten erbeutet.

FORTPFLANZUNG Brutreife wohl meist im Alter von 2 Jahren. Die Brutpaare sind reviertreu und halten lebenslang zusammen. Die Balz beginnt schon im Februar. Der Brutplatz befindet sich meist in einer steilen Felswand an einer vor Wind

Gerfalken-Altvogel mit typischer Färbung.

und Wetter geschützten Stelle, in einer Höhlung oder einer Nische unter einem Überhang. Wie bei allen Falken wird kein eigenes Nest gebaut, aber oft ein altes Kolkraben- oder Raufußbussardnest in einer überdachten Felsnische besetzt. In der Waldtundra werden auch Baumnester angenommen.

LEGEBEGINN In Europa ab der 1. Aprilhälfte, also relativ früh.

GELEGEGRÖSSE Meist 3–4 Eier (59 × 46 mm; 69 g), die auf hellgelbem Grund dicht und fein hellrötlich braun gefleckt sind.

LEGEABSTAND 2–3 Tage.

BRUTDAUER 36–38 Tage. Es brütet hauptsächlich das Weibchen, das auch die kleinen Jungen hudert bzw. bewacht, während das Männchen Beute herbeiträgt.

NESTLINGSDAUER 46–49 Tage. Nach dem Ausfliegen werden die Jungen noch etwa 4 Wochen von den Eltern mit Beute versorgt, bis sie selbstständig sind.

FORTPFLANZUNGSRATE Im Durchschnitt 2,3 Junge pro erfolgreicher Brut.

ÜBERLEBENSRATEN Im 1. Lebensjahr ca. 50 %, in späteren Lebensjahren ca. 90 %.

HÖCHSTALTER 17 Jahre, durch Beringung festgestellt; in Gefangenschaft mindestens 19 Jahre.

WANDERUNGEN In Island und in Skandinavien bleiben Altvögel meist während des ganzen Jahres im Brutgebiet und dessen Umgebung, während die Jungvögel weiter umherstreichen. Nordrussische (und sibirische) Gerfalken sind dagegen Zugvögel, die – ebenso wie ihre Hauptbeutetiere, die Schneehühner – aus der Tundra zum Überwintern in die Taiga- und Waldsteppenzone fliegen, also 1000–2000 km weit nach Süden. Die Südgrenze der normalen Wintervorkommen, die in Skandinavien und im Baltikum etwa bei 60° N liegt, sinkt deshalb schon in Russland auf etwa 50° N ab.

BESTANDSVERHÄLTNISSE IN EUROPA Der Gesamtbestand des Gerfalken in Europa wird derzeit auf rund 1500 Paare geschätzt (1100–1900 Paare). Die Hauptvorkommen liegen in Nordeuropa: Island ca. 350 Paare; Norwegen ca. 400 Paare; Schweden ca. 150 Paare; Finnland ca. 40 Paare; sowie europäisches Russland ca. 600 Paare.

BESTANDSGEFÄHRDUNG Von der IUCN wird die Art als „nicht gefährdet“ geführt. Im Gesamtverbreitungsgebiet hat der Gerfalke wohl zugenommen, in Europa wird der Bestand als stabil eingeschätzt. Frühere Probleme bestanden vor allem in Nestplünderungen und illegaler Verfolgung.

Gerfalken-Männchen bei der Fütterung seiner ca. 3 Wochen alten Jungen.

Würgfalke

— *Falco cherrug*

SAKER FALCON – FAUCON SACRE – HALCÓN SACRE
LÄNGE: ♂ ca. 49 cm, ♀ ca. 54 cm
SPANNWEITE: ♂ ca. 110 cm, ♀ ca. 126 cm
GEWICHT: ♂ 700–900 g, ♀ 1000–1300 g

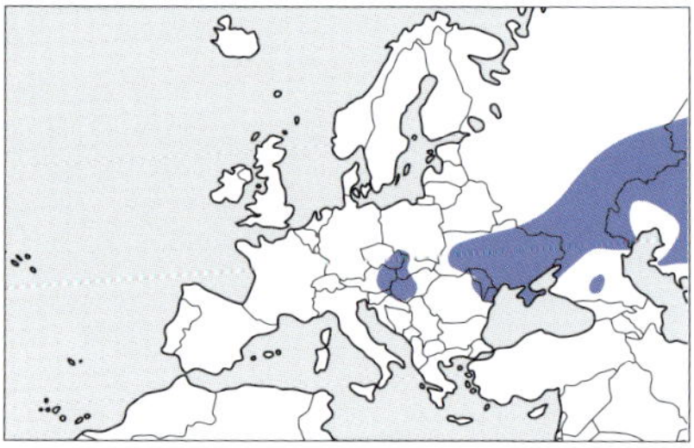

VORKOMMEN IN MITTELEUROPA Der Würgfalke (auch **Sakerfalke** genannt) ist Brutvogel in Ungarn (ca. 240 Paare), in der Slowakischen Republik (ca. 40 Paare), in Österreich (ca. 20 Paare) und in der Tschechischen Republik (ca. 10 Paare). Zwischenzeitlich gab es im östlichen Deutschland 1 Paar und im südwestlichen Polen 2 Paare.
BEOBACHTUNG Wenn man Würgfalken am Brutplatz beobachten will, sollte man nach Österreich oder Ungarn fahren. Dort gibt es viele künstliche Brutplätze auf hohen Masten von Stromleitungen, z. B. bei Csakvár 5 Paare auf rund 20 km Leitungstrasse, also in jeweils rund 4 km Abstand.
KENNZEICHEN Im Flug ist der Würgfalke an den breiteren, nicht so spitzen Flügeln, dem längeren Schwanz und dem langsameren Schwingenschlag von dem meist etwas kleineren Wanderfalken nicht allzu schwer zu unterscheiden. Dagegen ist in den Balkanländern die Verwechslungsmöglichkeit mit dem Lannerfalken groß und eine sichere Artbestimmung nur aus der Nähe möglich. Altvögel des Würgfalken erkennt man an der braunen Oberseite, dem hellen Kopf mit schmalem, dunklem Backenstreif und braunen Streifen auf dem Scheitel sowie an der hellen Unterseite, die mehr oder weniger stark dunkel gefleckt ist.

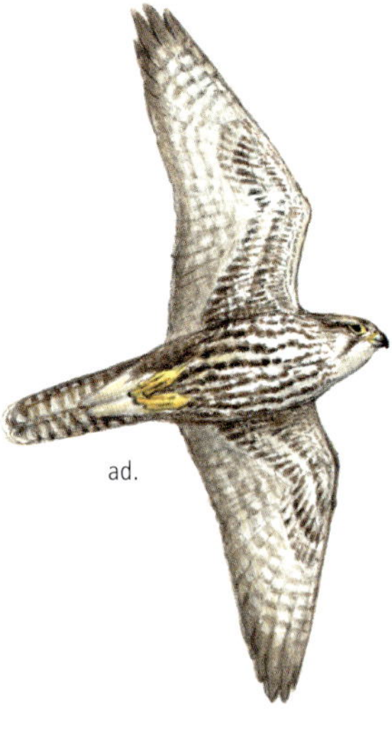

Jungvögel sind ebenfalls braun, aber generell dunkler als Altvögel, denn sie zeigen auch auf der Unterseite kräftige dunkelbraune Längsflecken.

STIMME Ein etwas raues Lahnen und Gäckern; außer am Brutplatz relativ selten zu hören.

VERBREITUNG Von Südosteuropa ostwärts durch die Steppen- und Waldsteppengebiete Russlands sowie durch die zentralasiatischen Hochländer bis nach China. Der europäische Anteil an der weltweiten Verbreitung wird auf rund 15 % geschätzt.

LEBENSRAUM Zum Jagen benötigt der Würgfalke offene, extensiv genutzte Kulturlandschaften bzw. Steppen oder Halbwüsten, auch auf Hochflächen der Gebirge. Es besteht eine enge Bindung an das Vorkommen mittelgroßer, tagaktiver Nager der offenen Landschaft (z. B. Ziesel) als Nahrungsgrundlage für eine erfolgreiche Jungenaufzucht. Zum Brüten benötigt der Würgfalke Felswände oder Bäume bzw. Masten, in denen alte Nester anderer Großvögel oder Nistkästen vorhanden sind. In Ungarn und in der Slowakei bewohnt er hauptsächlich Wälder der Mittelgebirge und jagt auf offenen Flächen der näheren und weiteren Umgebung.

SIEDLUNGSDICHTE UND REVIERGRÖSSE In nahrungsmäßig günstigen Gebieten betragen die Abstände zwischen den Brutplätzen benachbarter Paare oft nur wenige Kilometer. Andererseits können regelmäßig aufgesuchte Jagdgebiete mitunter 15–20 km vom Nest der Würgfalken entfernt liegen.

JAGDWEISE UND ERNÄHRUNG In geringer Höhe über dem Erdboden fliegend, betreibt der Würgfalke die Überraschungsjagd auf Bodentiere (z. B. Ziesel), die er im flachen Überflug ergreift und mit sich reißt. Bei der Verfolgung von auffliegenden Vögeln kann er aufgrund seines hohen Be-

Würgfalke auf erbeuteter Taube.

Würgfalke ruht auf einem Felsvorsprung mit weitem Blick ins offene Land.

schleunigungsvermögens sogar schnell fliegende Rebhühner und Tauben einholen. Während der Fortpflanzungsperiode besteht die Nahrung europäischer Würgfalken überwiegend aus Zieseln, daneben aus Hamstern und mittelgroßen Vögeln, vor allem Tauben und Rebhühnern. In der kalten Jahreszeit – wenn die Ziesel Winterschlaf halten – werden hauptsächlich Vögel erbeutet, gelegentlich auch größere (z. B. Gänse).

FORTPFLANZUNG Geschlechtsreife wohl meist mit 2 Jahren. Die Paare sind reviertreu und scheinen lebenslang zusammenzuhalten. Die Balz beginnt in Südosteuropa Ende Februar mit lauten Rufreihen und Verteidigung der Nestumgebung gegenüber Eindringlingen. Als Brutplatz wird vorwiegend ein vorhandenes Nest auf einem Baum gewählt. Dabei werden nicht selten die Erbauer des Nestes (z. B. Mäusebussarde, auch Seeadler oder Kaiseradler) von den Würgfalken durch heftige Angriffe vertrieben. In Auwäldern an Flüssen kann auch ein Nest von einer Graureiher-, Kormoran- oder Weißstorchkolonie als Brutplatz dienen. Bei Bruten an Felswänden oder auf Masten von Stromleitungen werden häufig alte Kolkrabennester bezogen. Auch Nistkästen auf Masten werden mehr und mehr genutzt.

LEGEBEGINN In der 2. Märzhälfte.

GELEGEGRÖSSE 3–5, meist 4 Eier (54 × 42 mm; 49 g), die auf hellem Grund dicht und fein gelbbraun gefleckt sind.

Würgfalken-Männchen füttert seine ca. 10–14 Tage alten Jungen in einem Kunstnest.

LEGEABSTAND 2–3 Tage.
BRUTDAUER 36–38 Tage. Es brütet hauptsächlich das Weibchen, während das Männchen für Nahrung sorgt und Wache hält. Die Beuteübergabe (2- bis 3-mal am Tag) findet entweder am Nest statt oder das Weibchen fliegt dem Männchen entgegen, um ihm die Beute abzunehmen. Während das Weibchen kröpft, brütet das Männchen. Wenn die Jungen 2–3 Wochen alt sind, fliegt auch das Weibchen wieder zur Jagd und bringt Beute.
NESTLINGSDAUER 40–45 Tage. Die anschließende Bettelflugperiode dauert etwa 1 Monat.
FORTPFLANZUNGSRATE Im Durchschnitt etwa 2 flügge Junge pro Paar und Jahr.
ÜBERLEBENSRATEN Bei adulten Vögeln ca. 82 %.
HÖCHSTALTER 16 Jahre, festgestellt durch Beringung; 23 Jahre in Haltung.
WANDERUNGEN In Südosteuropa bleiben die Altvögel z. T. auch über den Winter hinweg im Brutgebiet, sofern genügend Nahrung zur Verfügung steht. Andernfalls ziehen sie im Herbst weg – ebenso wie die Jungvögel – und überwintern in Vorderasien oder in Nordostafrika. Im März kehren sie ins Brutgebiet zurück.
BESTANDSVERHÄLTNISSE IN EUROPA Der Gesamtbestand des Würgfalken in Europa wird derzeit auf rund 420 Paare geschätzt (350–500 Paare). Die wenigen europäischen Vorkommen liegen in einem Band von Ungarn über die Balkanländer Rumänien und Bulgarien bis in die Ukraine hinein. Mit den bekannten Bestandsschätzungen ist diese Art die seltenste Falkenart Europas.
BESTANDSGEFÄHRDUNG Von der IUCN wird die Art als „stark gefährdet" geführt. Der Würgfalke ist neben Schmutzgeier und Steppenadler die einzige Art unter den europäischen Greifvögeln und Falken, die in dieser hohen Gefährdungskategorie eingeordnet ist. Im Gesamtverbreitungsgebiet nimmt der Würgfalke weiter ab, in Europa in letzter Zeit aber zu. Insgesamt ist der aktuelle Kenntnisstand zu Entwicklungen aber unsicher. Die hauptsächlichen Gefährdungsfaktoren sind Verfolgung in Form von Eier- und Jungendiebstahl sowie Fängen für den Falkenhandel, Kollisionen mit Stromfreileitungen sowie Verschlechterungen des Lebensraumes (Nutzungs- und Bewirtschaftungsveränderungen, Rückgang des Ziesels als Hauptbeutetier).

Würgfalke fliegt mit erbeuteter Taube ab.

Lannerfalke

— *Falco biarmicus* 033

LANNER FALCON – FAUCON LANIER – HALCÓN BORNÍ

LÄNGE: ♂ ca. 44 cm, ♀ ca. 49 cm
SPANNWEITE: ♂ ca. 100 cm, ♀ ca. 110 cm
GEWICHT: ♂ 500–600 g, ♀ 700–900 g

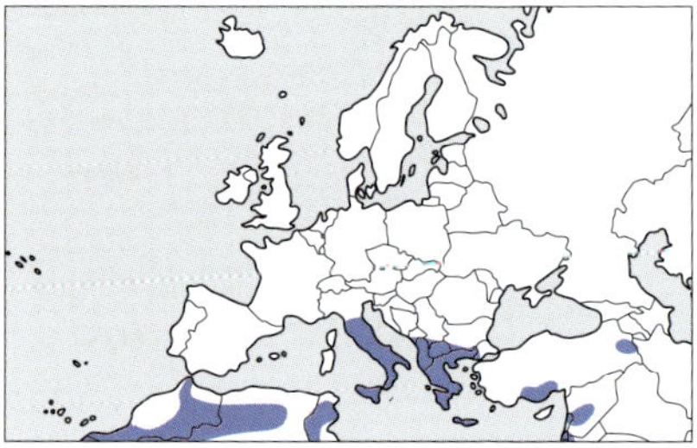

VORKOMMEN IN MITTELEUROPA Dieser große Falke ist hauptsächlich in Afrika beheimatet und kommt in seiner nördlichsten Unterart, **Feldeggsfalke** *(Falco biarmicus feldeggi)* genannt, in Süditalien und Sizilien sowie in den westlichen und südlichen Bereichen der Balkanhalbinsel als Brutvogel vor. Weiter nördlich erscheint er äußerst selten, ist also in Mitteleuropa nicht zu erwarten.
BEOBACHTUNG Vor den steilfelsigen Bergmassiven im Inneren der Insel Sizilien kann man zur Zeit der Jungenaufzucht, also in den Monaten April und Mai, die Lannerfalken-Paare sehr gut bei der Jagd beobachten.
KENNZEICHEN Obwohl im Flugbild dem Wanderfalken sehr ähnlich, kann der Lannerfalke jedoch an der schlankeren Gestalt, dem etwas längeren Schwanz und der niedrigeren Schwingenschlagfrequenz erkannt werden. Wesentlich größer sind die Verwechslungsmöglichkeiten mit dem Würgfalken (S. 216), speziell in Gebieten, wo beide Arten vorkommen (z. B. in den Balkanländern); hier kann bei Altvögeln eine sichere Artbestimmung nur durch Beobachtung aus der Nähe erfolgen. Während Würgfalken oberseits braun sind, haben ausgefärbte Lanner eine blaugraue Oberseite mit dunkler Querbänderung sowie eine helle, meist nur fein gefleckte Unterseite. Außerdem

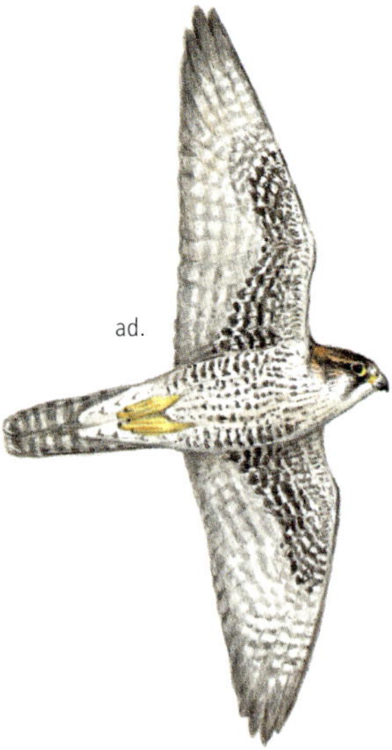

Lannerfalke an seinem Ruheplatz, mit gestreckten Beinen zum Start bereit.

sind Altvögel des Lannersfalken durch den fuchsroten bis sandgelben Scheitel und Nacken sowie durch den schmalen dunklen Backenstreife gekennzeichnet.
Die Färbung des Jugendkleides ist nicht so kontrastreich, sondern von fast einheitlichem Braun beherrscht: Scheitel hellbraun gestreift, Rücken einfarbig dunkelbraun, Unterseite weißlich mit braunen Längsflecken. Junge Lanner sind von jungen Würgfalken sehr schwer zu unterscheiden.

STIMME Viel seltener zu hören als beim Wanderfalken; ein weiches Lahnen (Betteln) und ein raues Geckern (Begrüßung); kein „kozick" wie beim Wanderfalken.
VERBREITUNG Einschließlich des Vorkommens in Südeuropa bewohnt der Lannerfalke in 5 verschiedenen Unterarten große Teile Afrikas und kommt lokal auch in Vorderasien vor. Der europäische Anteil an der weltweiten Verbreitung ist sehr klein und wird auf unter 5 % geschätzt.

Lannerfalke im Abflug mit tief ausholenden Flügelschlägen.

LEBENSRAUM Steilfelsige Berge über weiten, offenen, häufig halbwüstenhaften Flächen. Von der beherrschenden Höhe der Felsmassive aus, in denen sie Brutplätze finden, bejagen die Lannerfalken das vorgelagerte Gelände. In manchen Gebieten leben sie auch an Küstenfelsen.

SIEDLUNGSDICHTE UND REVIERGRÖSSE In günstigen Lebensräumen kann der Abstand zwischen den Brutplätzen zweier benachbarter Paare nur etwa 1 km betragen. Das Jagdrevier eines Paares hat jedoch einen Radius von 4–5 km.

JAGDWEISE UND ERNÄHRUNG Vor allem in der Zeit der Jungenaufzucht jagen die Partner eines Paares meist gemeinsam, indem sie abwechselnd auf ein aufgescheuchtes Beutetier stoßen und sich dabei sehr effektiv ergänzen. Nur durch solche Kombinationsjagden ist ein ausreichender Jagderfolg gewährleistet. Hauptbeutetiere sind Vögel (Dohlen, Rötelfalken und Turmfalken, Felsentauben, Kalanderlerchen), die in der Luft gegriffen werden. Gelegentlich werden aber auch Beutetiere am Erdboden geschlagen (z. B. junge Kaninchen, Ratten, Eidechsen, Amphibien, Käfer).

FORTPFLANZUNG Brutreife mit 2 oder 3 Jahren. Die Partner eines Paares leben in Dauerehe und halten meist das ganze Jahr über eng zusammen. Die Brut findet in Höhlungen oder Nischen steiler Felswände statt, wo zur Aufnahme des Geleges lediglich eine kleine Mulde ausgescharrt wird.

LEGEBEGINN In Sizilien schon ab Mitte Februar, sonst meist im März.
GELEGEGRÖSSE 3–4 Eier (51 × 41 mm; 49 g), die denen des Wanderfalken sehr ähnlich, aber mehr gelblich braun als rötlich braun gefleckt sind.
LEGEABSTAND 2–3 Tage.
BRUTDAUER 32–35 Tage. Es brütet hauptsächlich das Weibchen, das vom Männchen mit Beute versorgt wird, auch solange die kleinen Jungen noch gehudert werden müssen. Danach jagen beide Partner in Kombinationsjagd.
NESTLINGSDAUER 35–42 Tage.
BETTELFLUGPERIODE 4–6 Wochen.
FORTPFLANZUNGSRATE 2,5–2,8 flügge Junge pro Paar und Jahr.
ÜBERLEBENSRATEN Schätzungsweise erreichen nur etwa 25 % der Jungvögel die Brutreife.
HÖCHSTALTER 17 Jahre in Gefangenschaft.
WANDERUNGEN Brutpaare sind meist Standvögel, während die Jungen umherstreichen, bis sie sich verpaaren und ein Brutrevier besetzen.
BESTANDSVERHÄLTNISSE IN EUROPA Der Gesamtbestand des Lannerfalken in Europa wird derzeit auf rund 630 Paare geschätzt (430–840 Paare). Das Hauptvorkommen liegt in Italien, die weiteren Vorkommen in Griechenland und den Balkanländern.
BESTANDSGEFÄHRDUNG Von der IUCN wird die Art als „nicht gefährdet" geführt. Für die Bestandsentwicklung wird eine Zunahme eingeschätzt. Gefährdungsfaktoren sind illegale Entnahme für die Falknerei (Sammeln von Eiern und Küken, Fang von Altvögeln), Verschlechterungen des Lebensraumes (Änderung der landwirtschaftlichen Praktiken, landwirtschaftliche Expansion in Steppen und Grasland, Aufforstungen, Straßenbau) sowie Störungen am Brutplatz.

Lannerfalke nach erfolgreicher Jagd auf einen Vogel.

Turmfalke

— Falco tinnunculus 034

EURASIAN KESTREL – FAUCON CRÉCERELLE – CERNÍCALO VULGAR
LÄNGE: ca. 35 cm
SPANNWEITE: ca. 75 cm
GEWICHT: ♂ 200 g, ♀ 230 g

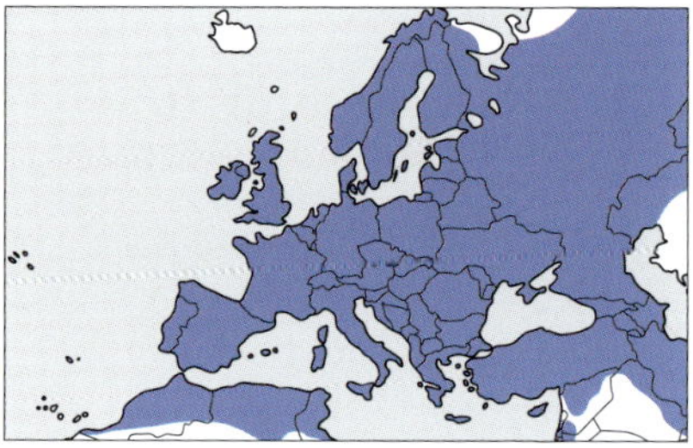

VORKOMMEN IN MITTELEUROPA In weiten Bereichen Mitteleuropas ist der Turmfalke der zweithäufigste Greifvogel nach dem Mäusebussard, in den Niederlanden übertrifft er sogar den Mäusebussard an Zahl. Er ist überall und regelmäßig zu beobachten. Generell zeigen die Bestände des Turmfalken sehr starke Schwankungen in Abhängigkeit von der Höhe des Nahrungsangebotes, speziell vom Massenwechsel der Feldmaus, die wie beim Mäusebussard das Hauptbeutetier darstellt.

BEOBACHTUNG Da der Turmfalke gern an Türmen und anderen hohen Bauwerken inmitten von Städten brütet, also in enger Nachbarschaft zu Menschen lebt, kann man dort sehr schön seine Flugspiele beobachten. Aber auch vom Auto

Turmfalken-Männchen unterbricht kurz seine Mahlzeit einer Maus und sichert in die Umgebung.

Turmfalken-Männchen späht nach einem Beutetier.

aus in der Nähe von Landstraßen sieht man den Turmfalken im offenen Gelände mit seinem auffälligen Rüttelflug recht häufig. Den Winter verbringt nur ein Teil der Turmfalken im mitteleuropäischen Brutgebiet, am häufigsten die Stadtbewohner.

KENNZEICHEN Von Weitem ist der Turmfalke an den langen, spitzen Flügeln und vor allem an seinem charakteristischen Rüttelflug zu erkennen, wobei er flügelschlagend an einer Stelle im Luftraum verharrt und dabei den langen Schwanz breit gefächert schräg nach unten hält. Beim alten Männchen ist der Kopf hell blaugrau, der Rücken rotbraun mit spärlichen kleinen, dunklen Flecken, der Schwanz ebenfalls hell blaugrau mit breiter schwarzer Endbinde; die Unterseite des Körpers ist gelblich mit Längsreihen kleiner, dunkler Tropfenflecken.

Beim Weibchen sind Kopf, Rücken und Schwanz rostbraun mit dichter, dunkler Fleckung und Querbänderung; die Körperunterseite ist stärker gefleckt als beim Männchen. Jungvögel sind wie das Weibchen gefärbt, oberseits ebenfalls rostbraun mit dunkler Querbänderung, unterseits jedoch mehr längs gestreift.

Die Unterscheidungsmerkmale zum sehr ähnlichen Rötelfalken, mit dem er in Südeuropa den Lebensraum teilt, werden im Kapitel zum Rötelfalken genannt (S. 235). Vom Baumfalken und Merlin ist der Turmfalke durch seinen deutlich längeren Schwanz zu unterscheiden, vom Sperber durch seine spitzeren Flügel.

STIMME Helle, durchdringende „ki-kikikiki"-Rufreihen sowie leisere „zick"-Lockrufe; am Brutplatz außerdem ein feines „wrieh-wrieh".

VERBREITUNG Der Turmfalke ist über ganz Europa verbreitet – in den nördlichsten Bereichen allerdings sehr spärlich – und bewohnt große Teile Asiens und Afrikas. Auf den Kanarischen Inseln, auf Madeira und auf den Kapverden leben Inselformen in verschiedenen Unterarten. Der europäische Anteil an der weltweiten Verbreitung wird auf 19 % geschätzt.

LEBENSRAUM Zum Jagen benötigt der Turmfalke offene Flächen mit niedriger Vegetation, um seine Beutetiere sehen und greifen zu können. Generell ist er in seinen ökologischen Ansprüchen wenig wählerisch, weshalb er so häufig ist. Nicht selten kann man ihn inmitten von Städten beobachten, wo er an Kirchtürmen und anderen hohen

Gebäuden übernachtet und brütet. Im Gebirge und an sonstigen Stellen, wo es Felsen oder Steinbrüche gibt, wählt er Spalten und Höhlungen in den Steilwänden als Brutplätze. Aber auch an Waldrändern, in Feldgehölzen oder auf Einzelbäumen brütet er, wo ihm alte Krähen- und Elsternnester zur Verfügung stehen. In den Niederlanden hat man die eingedeichten Polderflächen für Turmfalken bewohnbar gemacht, indem man Nistkästen auf Stangen anbrachte.

SIEDLUNGSDICHTE UND REVIERGRÖSSE Die Siedlungsdichte ist generell von der Höhe des erreichbaren Nahrungsangebotes und hierbei besonders vom Massenwechsel der Wühlmäuse abhängig, gleichzeitig jedoch auch von den Witterungsverhältnissen im Winter und Frühjahr, weil die Jagdaktivität durch starken bzw. anhaltenden Regen beeinträchtigt wird. Infolgedessen kann die Siedlungsdichte sehr verschieden sein und reicht von 3–90 Paare/100 km^2. So können z. B. 18 Paare/100 km^2 in einem Mäusejahr brüten, während im darauffolgenden Jahr, nach dem Zusammenbruch der Feldmausgradation, nur noch 3 Paare brüten. An Fels- bzw. Steinbruchwänden oder an hohen Bauwerken können mehrere Paare in enger Nachbarschaft brüten, sodass man von Brutkolonien sprechen kann. Im Stadtgebiet von Kiel wurden 16 Paare festgestellt, bei denen Jagdreviergrößen von 90–310 ha (im Durchschnitt 20 ha) ermittelt wurden.

JAGDWEISE UND ERNÄHRUNG In sehr auffälliger und charakteristischer Weise jagt der Turmfalke aus dem Rüttelflug auf Kleintiere am Erdboden, aber auch vom Ansitz aus. Nach einer in Großbritannien durchgeführten Untersuchung werden die beiden Jagdarten im Sommer etwa gleich häufig ausgeübt, während im Winter zu etwa 85 % von Sitzwarten aus gejagt wird, um Energie zu sparen, und nur zu 15 % aus dem Rütteln. Die Höhe der Vegetation spielt für die Erreichbarkeit der Beute eine entscheidende Rolle. Die bevorzugten Beutetiere sind Kleinsäuger, vor allem Wühlmäuse. In Mitteleuropa ist die Feldmaus das Hauptbeutetier, in Nordengland und Südschottland die Erdmaus. Neben Kleinsäugern erbeutet er Kleinvögel, vor allem dann, wenn Mäuse nicht in ausreichender Menge vorhanden sind. Im Sommerhalbjahr handelt es sich hierbei überwiegend um Jungvögel, die gerade flügge geworden sind. Außerdem fängt der Turmfalke im Sommer Eidechsen und Insekten, bevorzugt Käfer und Heuschrecken, die er teilweise sogar zu Fuß erbeutet, ebenso gelegentlich Regenwürmer und kleine Nacktschnecken.

FORTPFLANZUNG Die Geschlechtsreife wird bereits im 1. Lebensjahr erreicht. Die Revierbesetzung erfolgt zwischen Ende März und Mitte April, sofern die Falken nicht am Brutplatz überwintern, wie dies in Städten oft der Fall ist. Die Partner eines Paares scheinen lebenslang zusammenzuhalten. Die Balz findet mit eindrucksvollen Flugspie-

Turmfalken-Weibchen bei der Fütterung seiner sechs Jungen.

len und häufigen Lautäußerungen statt. Als Brutplätze dienen Höhlungen in Fels- oder Steinbruchwänden, Mauerlöcher in hohen Gebäuden sowie alte Nester von Krähen oder Elstern in Bäumen. Auch spezielle Nistkästen werden sehr oft angenommen. In die vorgefundene Unterlage wird lediglich eine Mulde gescharrt.

LEGEBEGINN Mitte April bis Mitte Mai.

GELEGEGRÖSSE 4–6, meist 5 Eier (39 × 31 mm; 21 g), die auf gelblichem Grund mehr oder weniger stark rotbraun gefleckt sind. Brutbeginn erst mit dem vorletzten oder letzten Ei.

LEGEABSTAND 2 Tage.

BRUTDAUER 29 Tage. Es findet Arbeitsteilung statt: Während das Weibchen brütet und die Jungen betreut, schafft das Männchen die Nahrung herbei.

NESTLINGSDAUER 28–32 Tage. Nach dem Ausfliegen werden die Jungen noch etwa 4 Wochen von den Eltern mit Nahrung versorgt, bis sie selbstständig sind und verstreichen.

FORTPFLANZUNGSRATE Schwankt in Abhängigkeit vom Massenwechsel der Wühlmäuse zwischen 2,1 und 3,6 flüggen Jungen pro Paar und Jahr.
ÜBERLEBENSRATEN Im 1. Lebensjahr ca. 35 %, im 2. Lebensjahr ca. 55 %, in späteren Lebensjahren ca. 65 %.
HÖCHSTALTER 24 Jahre, durch Beringung festgestellt.
WANDERUNGEN Der Turmfalke ist teils Standvogel, teils Strich- oder Zugvogel. Während die nord- und osteuropäischen Populationen durchweg Zugvögel sind, bleiben mitteleuropäische Turmfalken teilweise auch den Winter über im Brutgebiet. Dies gilt insbesondere für adulte Vögel. Diesjährige verstreichen in der Regel. Die Zugvögel überwintern in Südeuropa und Nordafrika. Wegzug: September/Oktober. Heimkehr: März/April, teilweise auch erst im Mai.
BESTANDSVERHÄLTNISSE IN EUROPA Der Gesamtbestand des Turmfalken in Europa wird

Zugriff eines Turmfalken-Weibchens auf eine Maus.

Anfliegendes Turmfalken-Weibchen.

Turmfalken-Weibchen bei der Ansitzjagd.

Turmfalken-Männchen im Nistkasten.

derzeit auf rund 506 000 Paare geschätzt (409 000–603 000 Paare). Die größten Vorkommen leben in West- und Mitteleuropa (Frankreich und Deutschland mit jeweils mehr als 50 000 Paaren) und auch im europäischen Russland wird ein Bestand von ca. 50 000 Paaren angenommen. Der Turmfalke kommt überall vor, lokal können hohe Dichten auftreten. In den baltischen Ländern Estland, Lettland und Litauen sind die Brutbestände mit jeweils ca. 200 Paaren gering, auf Island fehlt der Turmfalke.

BESTANDSGEFÄHRDUNG Von der IUCN wird die Art als „nicht gefährdet" geführt. Für Europa wird ein leichter Rückgang angenommen, wobei die Zahlen auch aufgrund der großen Bestandsspannen nicht immer eindeutig sind. In Deutschland sind die Bestände beispielsweise stabil. Gefährdungsfaktoren sind der Verschluss von Brutmöglichkeiten infolge intensiver Sanierungen im Siedlungsraum sowie Intensivierung und Veränderungen in der Landwirtschaft mit Auswirkungen auf die Beutetiere.

Rötelfalke

— Falco naumanni

LESSER KESTREL – FAUCON CRÉCERELLETTE – CERNÍCALO PRIMILLA
LÄNGE: 26–31 cm
SPANNWEITE: ca. 70 cm
GEWICHT: ♂ 140 g, ♀ 160 g

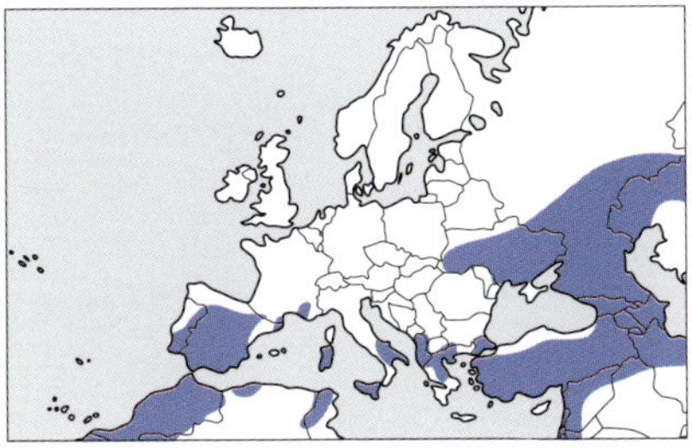

VORKOMMEN IN MITTELEUROPA Die ehemaligen Brutvorkommen im Süden Österreichs und in Ungarn sind erloschen. Ansonsten ist der Rötelfalke in Mitteleuropa nur ein seltener Gast.
BEOBACHTUNG Gute Beobachtungsmöglichkeiten von Rötelfalken gibt es in Südfrankreich und besonders in Spanien, wo man an großen alten Kirchen ganze Brutkolonien sehen kann.

KENNZEICHEN Dem Turmfalken sehr ähnlich („Zwillingsart"), nur geringfügig kleiner und schlanker. Am ehesten sind beide Arten im Freiland an der Stimme zu unterscheiden, im Flug auch daran, dass beim Rötelfalken die beiden mittleren Schwanzfedern die übrigen meist deutlich überragen (bis zu 2 cm).
Beim Rötelfalken-Männchen im farbenprächtigen Alterskleid sind Rücken und Oberflügel leuchtend rostrot und – im Unterschied zum Turmfalken-Männchen – völlig ungefleckt; auch die rostgelbe Körperunterseite weist nur wenige dunkle Flecken

Am ungefleckten rostroten Rücken ist das adulte Rötelfalken-Männchen eindeutig zu erkennen.

Rötelfalken-Paar, Weibchen links, Männchen rechts, nach der Übergabe eines Beutegeschenkes.

auf; Kopf und Schwanz sind mehr blaugrau; der stehende Vogel zeigt auf dem Flügel ein schiefergraues Feld. Weibchen und Jungvögel des Rötelfalken sind schwieriger von denen des Turmfalken zu unterscheiden; aber sie lassen sich in Gebieten, in denen beide Arten nebeneinander vorkommen, an den völlig andersartigen Rufen relativ leicht auseinanderhalten. Die Krallen der Fänge sind stets hell, nicht schwarz wie beim Turmfalken.

STIMME Ein heiseres „kechet" oder „kechäh", das in der Nähe der Brutkolonien recht häufig zu hören ist.

VERBREITUNG Von Nordwestafrika und Südeuropa über die Steppen und Halbwüsten Vorder- und Mittelasiens bis zum Altai-Gebirge verbreitet; isoliert auch in Nordchina vorkommend. Der europäische Anteil an der weltweiten Verbreitung wird auf rund 10 % geschätzt.

LEBENSRAUM Trockene und offene Landschaften in warmen Regionen, bevorzugt an felsigen Hängen, wo der Boden nur von spärlicher Vegetation bedeckt ist, sodass die dort lebenden Beutetiere leicht entdeckt und gefangen werden können.

SIEDLUNGSDICHTE UND REVIERGRÖSSE Sehr gesellig, kein Territorialverhalten. Brütet gern in Kolonien, die über 100 Paare umfassen können. Dabei können benachbarte Brutplätze weniger als 2 m voneinander entfernt sein. Im südafrikanischen Winterquartier wurden an einem gemeinsamen Schlafplatz bis zu 70 000 Rötelfalken gezählt.

JAGDWEISE UND ERNÄHRUNG Jagt im Such- und Rüttelflug, gelegentlich auch vom Ansitz aus, seltener zu Fuß. Hauptnahrung sind große Insekten, wie Heuschrecken (vor allem Grillen) und Käfer; im afrikanischen Winterquartier auch schwärmende Termiten und Raupen des Heerwurms. Daneben werden – z. B. im Frühjahr, wenn Heuschrecken noch fehlen – auch Kleinsäuger und Reptilien erbeutet.

FORTPFLANZUNG Geschlechtsreife im Alter von 1–2 Jahren. Die Paare führen eine Saisonehe

Das Rötelfalken-Weibchen ist vom Turmfalken-Weibchen fast nur an seinen hellen Krallen unterscheidbar.

und brüten gern kolonieweise; es kommen aber auch Einzelbruten vor. Als Brutplätze dienen Höhlungen in Fels- oder Lösswänden, in Mauern oder unter Dächern von Gebäuden, gelegentlich auch Baumhöhlen oder Nistkästen.

LEGEBEGINN Ende April/Anfang Mai.

GELEGEGRÖSSE 3–5 Eier (35 × 29 mm; 16 g), die auf hellbraunem Grund rotbraune Punkte und Flecken aufweisen.

LEGEABSTAND 1–2 Tage. Brutbeginn mit dem letzten Ei.

BRUTDAUER 28–29 Tage.

NESTLINGSDAUER 28 Tage.

FORTPFLANZUNGSRATE 1,6 flügge Junge pro Paar und Jahr bzw. 2,1 flügge Junge pro erfolgreicher Brut.

ÜBERLEBENSRATEN Im 1. Lebensjahr ca. 34 %, in späteren Lebensjahren ca. 71 %.

HÖCHSTALTER 11 Jahre, durch Beringung festgestellt.

WANDERUNGEN Zugvogel, der in Afrika südlich der Sahara überwintert, hauptsächlich in Südafrika. Vereinzelt überwintern Altvögel auch in der Türkei, in Südspanien und Nordwestafrika. Nach einem ungerichteten Zwischenzug im August beginnt der Herbstzug im September und hat im Mittelmeerraum seinen Höhepunkt Anfang Oktober. Frühjahrszug im März/April.

BESTANDSVERHÄLTNISSE IN EUROPA Der Gesamtbestand des Rötelfalken in Europa wird derzeit auf rund 34 000 Paare geschätzt (30 500–38 000 Paare). Das Hauptvorkommen liegt mit fast der Hälfte des Bestandes in Spanien (14 300 Paare) sowie in Italien (rund 5000 Paare) und Griechenland (rund 3000 Paare). In Südfrankreich gibt es ca. 300 Paare, für die ein eigenes Schutzprogramm entwickelt worden ist. Weitere Vorkommen in Mazedonien, Bosnien-Herzegowina und Albanien sowie im europäischen Teil Russlands.

BESTANDSGEFÄHRDUNG Von der IUCN wird die Art als „nicht gefährdet" geführt. Langfristig haben die Bestände deutlich abgenommen, jüngste Erkenntnisse deuten jedoch auf eine insgesamt stabile Population oder sogar leicht positive Entwicklung hin. Dies gilt auch für Europa. Probleme bereiten dem Rötelfalken vor allem Veränderungen der Lebensräume sowohl im Brutgebiet als auch im afrikanischen Winterquartier und insbesondere der Einsatz von Pestiziden. Dadurch wird die Nahrungsgrundlage (hauptsächlich Heuschrecken und Käfer) stark reduziert.

Beim Rötelfalken-Männchen im Flug sieht man, dass die beiden mittleren Schwanzfedern etwas länger als die anderen sind.

Jungvögel im Vergleich

In Mitteleuropa brüten 5 mittelgroße Greifvogelarten auf Bäumen mit ähnlichen Nestgrößen. Die gebauten Nester können in mehreren Jahren hintereinander benutzt werden. Gleichzeitig werden ursprüngliche und erhaltene Nester aber auch von anderen Arten in Folgejahren nachgenutzt. Ein Nest mit Lumpen im Unterbau muss also nicht zwangsläufig von einem Milan benutzt werden.

Bei allen besetzten Nestern findet man neben dem „Schmuck" durchgebrochene Äste, Laub oder vielleicht Lumpen, auch oft Kotspritzer und Dunen, die locker in den Nesträndern hängen.
Der nachfolgende Bildvergleich zeigt Jungvögel der Arten Wespenbussard, Habicht, Rotmilan, Schwarzmilan und Mäusebussard kurz vor dem Ausfliegen.

Wespenbussard

NESTMERKMALE Auffällig mit viel Laub (Birke, Eiche) ringsum belegt, wird welk und danach immer wieder frisch erneuert.
MERKMALE JUNGVÖGEL Intensiv dottergelbe Wachshaut, Kopf wirkt schmal, Irisfarbe schwarz. Insgesamt brauner Gesamteindruck. Federränder (Arm- und Handschwingen, Decken) nicht auffällig.

Habicht

NESTMERKMALE Nest oft nur aus Ästen, wenig frisch gebrochene Zweige (oft Kiefer).
MERKMALE JUNGVÖGEL Kontrast zwischen dunkelbraunem Rücken und rötlichem Bauch und Brust. Deutliche Längsstreifen auf der Brust, Arm-, Handschwingen und Decken mit hellen Säumen. Auffällig blaugraue Iris, heller Überaugenstreif, Stirn und Kehle.

Rotmilan

NESTMERKMALE Sehr oft mit Lumpen und Papierfetzen „geschmückt". Sieht man sowohl im Unterbau als auch auf den Nesträndern.
MERKMALE JUNGVÖGEL Rotbrauner Gesamteindruck. Brust mit längs gestreiften Federspitzen, Decken breit rot gerandet und abgesetzt vom dunklen Innenteil. Rücken braun abgesetzt von Arm- und Handdecken. Gesicht und Stirn hell, Iris dunkel.

Schwarzmilan

NESTMERKMALE Sehr oft mit Lumpen und Papierfetzen „geschmückt". Vom Rotmilan äußerlich nicht zu unterscheiden.
MERKMALE JUNGVÖGEL Dunkelbrauner Gesamteindruck, keine helle Stirn und Gesicht, Kopf, Brust, Decken und Rücken mit hellen Spitzen, Jungvögel wirken dadurch „getupft", Iris dunkel.

Mäusebussard

NESTMERKMALE Regelmäßig mit frischen Zweigen und Ästen belegt, Nadel- und Laubholz, oft Kiefer dabei.
MERKMALE JUNGVÖGEL Wie Altvögel mit großer Farbvielfalt. Gesicht und Stirn oft hell umrandet, Brust oft ungestrichelt, wenn, dann an den Seiten. Federn der Arm-, Handschwingen und Decken mit hellen Säumen. Hellere Iris.

Literaturverzeichnis und allgemeine Literatur zu Greifvögeln und Falken

Bijlsma, R. G. (1997): Handleiding veldonderzoek roofvogels. KNNV Uitgeverij, Utrecht.

Bird, D. M. & K. L. Bildstein (Eds.) (2007): Raptor research and management techniques. Hancock house publishers, Surrey & Blaine.

BirdLife International (2020) IUCN Red List for birds. Downloaded from http://www.birdlife.org on 04/04/2020.

BirdLife International (2015): European Red List of Birds. Office for Official Publications of the European Communities, Luxembourg.

Clark, W. & R. Yosef (1998): In-hand identification guide to Palearctic raptors. IBCE Tech. Publ. 7(2): 67 pp.

Forsman, D. (2016): Flight identification of raptors of Europe, North Africa and the Middle East. Bloomsbury Helm, London.

Forsman D. (1999): The Raptors of Europe and The Middle East. A Handbook of Field Identification. Poyser, London.

Glutz von Blotzheim, U. N. (Hrsg.) (1989): Handbuch der Vögel Mitteleuropas, Band 4, Falconiformes.- 2. Aufl., Aula-Verlag, Wiesbaden.

Mammen, U. (Hrsg.) (2017): Populationsökologie Greifvogel- und Eulenarten 7. Halle/Saale.

Mebs, T. & D. Schmidt (2014): Die Greifvögel Europas, Nordafrikas und Vorderasiens – Biologie, Kennzeichen, Bestände. Kosmos-Verlag, Stuttgart.

Newton, I. (1979): Population Ecology of Raptors. Poyser, Berkhamsted.

Monografien zu Gattungen bzw. Gruppen

Baumgart, W. (2001): Europas Geier: Flugriesen im Aufwind. Aula-Verlag, Wiebelsheim.

Gavashelishvili, L. (2005): Vultures of Georgia and the Caucasus. GCCW and Buneba Print Publishing, Tbilisi, Georgia.

Simmons, R. E. (2000): Harriers of the World – Their behavior and ecology. Oxford University Press, Oxford.

Walz, J. (2005): Rot- und Schwarzmilan – Flexible Jäger mit Hang zur Geselligkeit. Aula-Verlag, Wiebelsheim.

Weiterführende Literatur zu den Arten

Fischadler

Bai, M.-L., D. Schmidt, E. Gottschalk & M. Mühlenberg (2009): Distribution pattern of an expanding Osprey *(Pandion haliaëtus)* population in a changing environment. J. Ornithol. 150: 255–263.

Dennis, R. (2008): A life of Ospreys. Whittles Publishing, Caithness, Scotland.

Poole, A. (2019): Ospreys: The revival of a global raptor. Johns Hopkins University Press, Baltimore.

Gleitaar

Balbontin, J. et al. (2008): Land-use changes may explain the recent range expansion of the Black-shouldered Kite *Elanus caeruleus* in southern Europe. Ibis 150: 707–716.

Duchateau, S. & F. Delage (2006): Evolution, paramètres reproducteurs et facteurs limitants de l'Elanion blanc *Elanus caeruleus* dans le sud-ouest de la France. Alauda 74: 385–398.

Püschel, H. & H.-J. Kiefer (2017): Ein Gleitaar *(Elanus caeruleus)* am südlichen Oberrhein. Naturschutz südl. Oberrhein 9: 60–64.

Bartgeier

Robin, K., J. P. Müller & Th. Pachlatko (2003): Der Bartgeier. Robin Habitat AG, Uznach.

Schulze-Hagen, K., H. Frey & A. Margalida (2016): Ernährungsspezialist Bartgeier: Der Vogel, der von Knochen lebt. Der Falke 63 (Sonderheft): 8–15.

Zink, R. (2009): Dispersion, Paarbildung und Reproduktion wiederangesiedelter Bartgeier *(Gypaëtus barbatus)* in den Alpen. In: Stubbe, M. & U. Mammen (Hrsg.): Populationsökologie von Greifvogel- und Eulenarten 6: 143–151.

Schmutzgeier

Angelov, I. (2011): Rettungsaktion auf dem Balkan: Schmutzgeier in Bulgarien. Der Falke 58: 372–378.

Peters, N. (2016): Ursachenmix und Kenntnislücken: Schmutzgeier. Der Falke 63 (Sonderheft): 48–50.

Velevski, M.; Nikolov, S. C.; Hallmann, B.; Dobrev, V.; Sidiropoulos, L.; Saravia, V.; Tsiakiris, R.; Arkumarev, V.; Galanaki, A.; Kominos, T.; Stara, K.; Kret, E.; Grubač, B.; Lisičanec, E.; Kastritis, T.; Vavylis, D.; Topi, M.; Hoxha, B.; Oppel, S. (2015): Population decline and range contraction of the Egyptian Vulture *Neophron percnopterus* on the Balkan Peninsula. Bird Conservation International 25: 440–450.

Wespenbussard

AG Greifvögel NRW (2000): Die Bestandsentwicklung und der Bruterfolg des Wespenbussards *(Pernis apivorus)* in Nordrhein-Westfalen von 1972–1998 mit Angaben zu Revierverhalten, Mauser und Beringungsergebnissen. Charadrius 36: 58–79.

Gamauf, A. & C. Friedl (2011): Zug- und Überwinterungsstrategien junger Wespenbussarde *Pernis apivorus*. Vogelwarte 49: 290–291.

Schmid, H. (2000): Getrennte Wege: Der Herbstzug von juvenilen und adulten Wespenbussarden *Pernis apivorus* – eine Synthese. Orn. Beob. 97: 191–222.

Schlangenadler

Bakaloudis D. E. & C. G. Vlachos (2011): Feeding habits and provisioning rate of breeding Short-toed Eagles *Circaëtus gallicus* in northeastern Greece. Journal of Biological Research 16: 166–176.

Friedemann, G., Y. Leshem, L. Kerem, A. Bar-Massada & I. Izhaki (2017): Nest-site characteristics, breeding success and competitive interactions between two recently sympatric apex predators. Ibis 159: 812–827.

Mellone, U. et al. (2011): Summer staging areas of non-breeding Short-toed Snake Eagles *Circaëtus gallicus*. Bird Study 58: 516–521.

Mönchsgeier

Kirazli, C. & E. Yamaç (2013): Population size and breeding success of the Cinereous Vulture, *Aegypius monachus*, in a newly found breeding area in western Anatolia (Aves: Falconiformes). Zoology in the Middle East 59: 289–296.

Lourenço, P. M.; Curado, N.; Loureiro, F.; Godino, A.; Santos, E. (2013): Selecting key areas for conservation at the regional level: the case of the globally 'Near Threatened' Cinereous Vulture *Aegypius monachus* in south-east Portugal. Bird Conservation International 23: 168–183.

Margalida, A.; Moreno-Opo, R.; Arroyo, B. E.; Arrendo, A. (2011): Reconciling the conservation of endangered species with economically important anthropogenic activities: interactions between cork exploitation and the cinereous vulture in Spain. Anim. Conserv. 14: 167–174.

Gänsegeier

Hölzinger, J. (2012): Das Alter des historischen Brutvorkommens des Gänsegeiers *Gyps fulvus* im Oberen Donautal auf der Schwäbischen Alb. Ornithologische Jahreshefte für Baden-Württemberg 28: 1–18.

Knollseisen, M. & F. Genero (2016): Von Sommergästen zu Brutvögeln: Gänsegeier in den Alpen. Der Falke 63 (Sonderheft): 40–41.

Krüger, T. & J.-A. Krüger (2007): Einflug von Gänsegeiern *Gyps fulvus* in Deutschland 2006: Vorkommen, mögliche Ursachen und naturschutzrechtliche Konsequenzen. Limicola 21: 185–217.

Schelladler

Dombrovski, V. (2010): The diet of the Greater Spotted Eagle *(Aquila clanga)* in Belarusian Polesie. Slovak Raptor Journal 4: 23–36.

Komischke, B., K. Graszynski & B.-U. Meyburg (2001): Zur Biologie des Schelladlers *Aquila clanga*. Acta ornithoecol. 4: 337–376.

Väli, Ü. et al. (2010): Widespread hybridization between the Greater Spotted Eagle *Aquila clanga* and the Lesser Spotted Eagle *Aquila pomarina* (Aves: Accipitriformes) in Europe. Biol. J. Linnean Society 100: 725–736.

Schreiadler

Dravecký, M. et al. (2008): Focusing on the Lesser Spotted Eagle. Slovak Raptor Journal 2: 1–80.

Meyburg, B.-U., C. Meyburg, J. Matthes & H. Matthes (2006): GPS-Satelliten-Telemetrie beim Schreiadler *(Aquila pomarina)*: Aktionsraum und Territorialverhalten. Vogelwelt 127: 127–144.

Wernicke, P. (2009): Schreiadler – Vogel ohne Lebensraum. Hinstorff Verlag, Rostock.

Zwergadler

Casado, E., Suarez-Seoane, S., Lamelin, J. & Ferrer, M. (2008): The regulation of brood reduction in Booted Eagles *Hieraaëtus pennatus* through habitat heterogeneity. Ibis 150: 788–798.

Gamauf, A. & P. Rass (2006): Der Zwergadler *(Hieraaëtus pennatus)* – eine neue „alte" Brutvogelart in Österreich? S. 37–48 in Gamauf, A. & H.-M. Berg (Hrsg.): Greifvögel und Eulen in Österreich. Naturhistorisches Museum Wien.

Martínez et al. (2006): Interannual variations of reproductive parameters in a Booted Eagle *(Hieraaëtus pennatus)* population: the influence of density and laying date. J. Ornithol. 147: 612–617.

Steinadler

Fasel, F. (2000): Faszination Steinadler. Ott Verlag, Thun.

Haller, H. (1996): Der Steinadler in Graubünden. Langfristige Untersuchungen zur Populationsökologie von *Aquila chrysaëtos* im Zentrum der Alpen. Ornithol. Beobachter, Beiheft 9: 1–167.

Watson, J. (2010): The Golden Eagle. Poyser, London.

Habichtsadler

Balbontin, J. & M. Ferrer (2009): Movements of juvenile Bonelli's Eagles *Aquila fasciata* during dispersal. Bird Study 56: 86–95.

Martínez et al. (2008): Breeding performance, age effects and territory occupancy in a Bonelli's Eagle *Hieraaetus fasciatus* population. Ibis 150: 223–233.

Rollan, A.; Real, J.; Bosch, R.; Tintó, A.; Hernández-Matías, A. (2010): Modelling the risk of collision with power lines in Bonelli's Eagle *Hieraaetus fasciatus* and its conservation implication. Bird Conservation International 20: 279–294.

Steppenadler

Karyakin, I. V., Zinevich, L. S., Schepetov, D. M., Sorokina, S. Y. (2016): Population structure of the Steppe Eagle range and preliminary data on the population genetic diversity and status of subspecies. Raptors Conservation 32: 67–88.

Meyburg, B.-U. et al. (2005): Der Zug des Steppenadlers. Der Falke 52: 12–17.

Yosef, R. & L. Fornasari (2004): Simultaneous decline in Steppe Eagle *(Aquila nipalensis)* populations and Levant Sparrowhawk *(Accipiter brevipes)* reproductive success: coincidence or a Chernobyl legacy? Ostrich 75: 20–24.

Östlicher Kaiseradler

Danko, Š. & J. Mihók (2020): The evolution of the eastern Slovakian Eastern Imperial Eagle *(Aquila heliaca)* population between 1967 and 2018. Heliaca 16: 7–11.

Horváth, M., Fatér, I., Juhász, T., Deak, G., Bereczky, A. & S. Kovacs (2018): Annual report of the Hungarian Imperial Eagle Working Group 2016. Heliaca 13: 35–38.

Ranner, A. (2006): Die aktuelle Situation des Kaiseradlers *(Aquila heliaca)* in Österreich. In: Gamauf & Berg (Hrsg.): Greifvögel & Eulen in Österreich. Verlag Naturhistor. Museum Wien: 27–35.

Spanischer Kaiseradler

Ferrer, M. (2001): The Spanish Imperial Eagle. Lynx Edicions, Barcelona.

Margalida et al. (2007): A long-term large-scale study of the breeding biology of the Spanish Imperial Eagle (*Aquila adalberti*). J. Ornithol. 148: 309–322.

Morandini, V. et al. (2020): Juvenile dispersal in an uninhabited continent: young Spanish Imperial Eagles in Africa. J. Ornithol. 161: 373–380

Steppenweihe

Corso, A. & C. Cardelli (2004): The migration of Pallid Harrier across the central Mediterranean with particular reference to the Strait of Messina. Brit. Birds 97: 238–246.

Korovin, V. A. (2010): The Pallid Harrier breeding in the south of Sverdlovsk Region. The Russ. Journ. of Ornithologie, Vol. 19 (Issue 575): 998–999. In Russian.

Limiñana, R., Arroyo, B., Terraube, J., McGrady, M. & Mougeot, F. (2015): Using satellite telemetry and environmental niche modelling to inform conservation targets for a long-distance migratory raptor in its wintering grounds. Oryx 49: 329–337.

Kornweihe

Amar et al. (2008): Influence of habitat on breeding performance of Hen Harriers in Orkney. Ibis 150: 400–404.

Dierschke et al. (2010): Rekrutierung und Inselhopping von Kornweihen auf den West- und Ostfriesischen Inseln. Vogelkdl. Ber. Niedersachs. 41: 241–246.

Scott, D. (2010): The Hen Harrier. Whittles Publishing, Caithness, Scotland.

Wiesenweihe

Illner, H. (2017): Brutbestände der Wiesenweihe *Circus pygargus* und Nestschutzmaßnahmen in Deutschland 2003 bis 2014. Die Vogelwelt 137: 305–317.

Pürckhauer, C. (2017): Schutzstrategien: Wie treiben wir den Schutz der Wiesenweihe *Circus pygargus* in Deutschland und Europa effizient voran? Welchen „Action Plan" für die Wiesenweihe brauchen wir? Die Vogelwelt 137: 411–414.

Santangeli, A. & B. Arroyo (2017): The Montagu's Harrier *Circus pygargus* in Spain: Population status and trend, nesting habitat, nest protection measures and conservation solutions. Die Vogelwelt 137: 372–377.

Rohrweihe

Clarke, R. (1995): The Marsh Harrier. Hamlyn, London.

Einstein, J. (2007): Bestandsentwicklung (1937–2007) und Bruterfolg (1975–2007) der Rohrweihe *(Circus aeruginosus)* am Federsee (Baden-Württemberg). Orn. Jh. Bad.-Württ. 23: 157–166.

Nicolai, W. & T. Suckow (2007): Bestandsdichte und Populationsdynamik der Rohrweihe im nordöstlichen Harzvorland. Ornithol. Jber. Mus. Heineanum 25: 13–27.

Habicht

AG Greifvögel NWO (2002): Ergebnisse einer 30-jährigen Erfassung der Bestandsentwicklung und des Bruterfolgs beim Habicht in Nordrhein-Westfalen von 1972–2001. Charadrius 38: 139–154.

Kenward, R. (2006): The Goshawk. Poyser, London.

Rutz et al. (2006): Population limitation in Goshawks in Europe. Studies in Avian Biology 31: 158–197.

Sperber

Interessengemeinschaft Sperber (IGS, Hrsg.) (2008): Der Sperber in Deutschland – Eine Übersicht mit Beiträgen aus 15 Regionen. Books on Demand GmbH, Norderstedt.

Newton, I. (1986): The Sparrowhawk. Poyser, Calton, UK.

Ortlieb, R. (2006): Die Sperber. Neue Brehm-Bücherei, Band 523. Westarp Wissenschaften, Hohenwarsleben.

Kurzfangsperber

Baumgart, W. (2006): Accipiter-Studien zur funktionellen Charakteristik von Kurzfangsperber und Sperber, *Accipiter brevipe* und *A. nisus*. Ornithol. Mitt. 58: 83–90.

Weber, P. & E. Petrescu (2004): Aktuelle Angaben über Status und Verbreitung des Kurzfangsperbers in Rumänien. Ornithol. Mitt. 56: 4–8, 35.

Yosef, R. & L. Fornasari (2004): Simultaneous decline in Steppe Eagle *(Aquila nipalensis)* populations and Levant Sparrowhawk *(Accipiter brevipes)* reproductive success: coincidence or a Chernobyl legacy? Ostrich 75: 20–24.

Rotmilan

Aebischer, A. & P. Scherler (2021): Der Rotmilan – ein Greifvogel im Aufwind. Haupt Verlag, Bern.

Katzenberger, J., S. Fischer & Ch. Sudfeldt (Hrsg.) (2019): Themenheft Rotmilan. Die Vogelwelt 139 (2).

Krüger, T. & J. Wübbenhorst (2009): Ökologie, Gefährdung und Schutz des Rotmilans in Europa. Informationsdienst Naturschutz Niedersachsen 29: 134–211.

Schwarzmilan

Sergio, F., J. Blas, M. G. Forero, J. A. Donázar & F. Hiraldo (2007): Sequential settlement and site dependence in a migratory raptor. Behavioral Ecology 18: 811–821.

Trapp, H. & W. Nachtigall (2008): Beobachtungen an einem Schlafplatz des Schwarzmilans *Milvus migrans* in der Oberlausitz. Actitis 43: 65–72.

Walz, J. (2005): Rot- und Schwarzmilan – Flexible Jäger mit Hang zur Geselligkeit. Aula-Verlag, Wiebelsheim.

Seeadler

Müller, H. (2010): Brutbiologische Beobachtungen an einem Seeadler-Brutplatz in Bayern. Ornithol. Anz. 49: 193–200.

Probst, R. (Hrsg.) (2009): Der Seeadler im Herzen Europas. Tagungsband der WWF Österreich Seeadler-Konferenz vom 17.–18. November 2007 in Illmitz. Denisia 27: 1–171.

Reich, J. (2006): Ein Jahr unter Seeadlern. Hinstorff Verlag, Rostock.

Raufußbussard

Pokrovsky, I., Ehrich, D., Ims, R. A., Kulikova, O., Lecomte, N. & Yoccoz, N. G. (2012): Assessing the causes of breeding failure among the rough-legged buzzard *(Buteo lagopus)* during the nestling period. Polar Research 31: 1–5.

Potapov, E. R. (1997): What determines the population density and reproductive success of rough-legged buzzards *(Buteo lagopus)* in the Siberian tundra? Oikos 78: 362–376.

Weiss, I. & C. Moning (2005): Zur Art-, Alters- und Geschlechtsbestimmung beim Rauhfußbussard *Buteo lagopus*. Avifaunistik in Bayern 2 (2): 86–110 (mit 3 Farbtafeln und 29 Fotos).

Mäusebussard

AG Greifvögel NRW (2005): Bestandsentwicklung und Bruterfolg des Mäusebussards *Buteo buteo* in Nordrhein-Westfalen von 1974 bis 2003. Charadrius 41: 161–177.

Kiefer, J. (2006): Der Mäusebussard *Buteo buteo* in Ost-Luxemburg. Regulus Wissenschaftl. Ber. Nr. 21: 31–37.

Mebs, T. (2006): Hohe Siedlungsdichten des Mäusebussards *Buteo buteo* in Mitteleuropa. Ornithol. Jber. Mus. Heineanum 24: 35–39.

Adlerbussard

Bagyura, J. et al. (2009): Long-legged Buzzard population data 2009. Heliaca 7: 70–71.

Friedemann, G., Y. Leshem, L. Kerem, A. Bar-Massada & I. Izhaki (2017): Nest-site characteristics, breeding success and competitive interactions between two recently sympatric apex predators. Ibis 159: 812–827.

Langenberg, J. (2005): Zum Auftreten des Adlerbussards *Buteo (buteo) rufinus* in Bayern und Europa – Ergebnisse aus der Arbeit der Bayerischen Avifaunistischen Komission. Avifaun. Bay. 2: 125–132.

Merlin

Ivanovsky, V. (2003): The Merlin *(Falco columbarius)* in Northern Belarus. BUTEO 13: 67–73.

Rebecca, G. W. & B. L. Cosnette (2003): Long-term monitoring of breeding Merlin *(Falco columbarius)* in Aberdeenshire, Northeast Scotland 1980–2000. In: Birds of prey in a changing environment: 183–197. Scottish natural heritage, Edinburgh.

Wright, P. M. (2003): Recruitment, site fidelity and dispersal of Merlins *Falco columbarius* from the southeast Yorkshire Dales, England. Ringing & Migration 21: 227–233.

Rotfußfalke

Legendre, F. (2005): Statut du Faucon kobez *Falco vespertinus* en France: nidification et migration. Ornithos 12 (4): 183–192.

Palatitz et al. (2009): Red-footed Falcon working group annual report 2009. Heliaca 7: 14–23.

Petrovych, Z. (2011): Rotfußfalken in der Ukraine. Der Falke 58 (6): 216–217.

Baumfalke

Dronneau, C. & B. Wassmer (2008): Écologie alimentaire et comportements de chasse du Falcon hobereau *Falco subbuteo* dans l'est de la France (Alsace). Alauda 76: 113–134 und 187–206.

Fiuczynski, K. D. & P. Sömmer (2011): Der Baumfalke, *Falco subbuteo*. Die Neue Brehm-Bücherei 575, Westarp Wissenschaften, Hohenwarsleben.

Probst, R. (2013): Der Baumfalke *(Falco subbuteo)* in Kärnten. Naturwissenschaftlicher Verein für Kärnten, Klagenfurt.

Eleonorenfalke

Gschweng, M. et al. (2008): All across Africa: highly individual migration routes of Eleonora's Falcon. Proc. R. Soc. B. 275: 2887–2896.

López et al. (2009): Autumn migration of Eleonora's Falcon *Falco eleonorae* tracked by satellite telemetry. Zool. Studies 48 (4): 485–491.

Vlachos, C. (Ed.) (2007): Eleonora's Falcon ruling the Aegean skies. Hellenic Ornithological Society, Athens.

Wanderfalke

Arbeitskreis Wanderfalkenschutz e. V. (Hrsg.) (2013): Die Rückkehr des Wanderfalken in die großen Wälder. Eigenverlag AWS, Freiberg.

Monneret, R.-J. (2006): Le faucon pèlerin. Delachaux and Niestlé, Paris, France.

Rau, F., R. Lühl & J. Becht (Hrsg.) (2015): 50 Jahre Schutz von Fels und Falken. Ornithologische Jahreshefte für Baden-Württemberg 31 (Sonderband).

White, C. W., T. J. Cade & J. H. Enderson (2013): Peregrine Falcons of the World. Lynx Edicions, Barcelona.

Gerfalke

Ciesielski, L. C. (2007): Der Gerfalke *Falco rusticolus*. Die Neue Brehm-Bücherei Band 264. Westarp Wissenschaften, Hohenwarsleben. 200 Seiten.

Nyström et al. (2005): Gyr Falcons, ptarmigan and microtine rodents in northern Sweden. Ibis 147: 587–597.

Potapov, E. & R. Sale (2005): The Gyrfalcon. Poyser, London.

Würgfalke

Barthel, P. H. (2011): Zwischen Freiland und Gesetz – der Würgfalke *Falco cherrug* als heimische Vogelart. Limicola 25: 284–316.

Škorpíková, V., D. Horal, V. Beran & G. Camlík (2017): The Saker Falcon *(Falco cherrug)* population in the Czech Republik in 2011–2018. Heliaca 15: 10–18.

Zink, R., Kovacs, F. J., Sonvilla, C., Mihok, J. & S. Aberle, (2015): Der Sakerfalke in Mitteleuropa. Erfolgreicher Schutz am westlichen Rand der Verbreitung. APG, Wien, 288 S.

Lannerfalke

Corso, A. (2001): Biologie, Verbreitung und Bestimmung des Lannerfalken *Falco biarmicus* in Europa. Limicola 15: 1–40.

Leonardi, G. (2015): The Lanner falcon. (privat publiziert, kein Verlag und Ort)

Massa, B. et al. (1991): Il Lanario *(Falco biarmicus feldeggii)* Schlegel) in Italia: status, biologia e tassonomia. Il Naturalista Siciliano 15 (1–2): 27–63.

Turmfalke

Kübler, S., S. Kupko & U. Zeller (2005): Der Turmfalke (*Falco tinnunculus* L.) in Berlin: Untersuchungen zur Brutbiologie und zur Nahrungsökologie. J. Ornithol. 146: 271–278.

Piechocki, R. (2008): Der Turmfalke. Die Neue Brehm-Bücherei, Band 116. Westarp Wissenschaften-Verlagsgesellschaft mbH, Hohenwarsleben.

Sumasgutner, P., A. Gamauf & H. W. Krenn (2017): Urbane Jäger im Aufwind? Habitatnutzung, Brutbiologie und Nahrungsökologie des Turmfalken (*Falco tinnunculus)* in Wien. In Mammen, U. (Hrsg.): Populationsökologie Greifvogel- und Eulenarten 7: 197–212.

Rötelfalke

Iñigo, A. & B. Barov (2010): Action plan for the Lesser Kestrel *Falco naumanni* in the European Union. SEO/Birdlife and Birdlife International for the European Commission. 57 Seiten.

Ortego et al. (2008): Consequences of chronic infections with three different avian malaria lineages on reproductive performance of Lesser Kestrels *(Falco naumanni)*. J. Ornithol. 149: 337–343.

Rodríguez et al. (2010): Temporal changes in Lesser Kestrel (*Falco naumanni)* diet during the breeding season in southern Spain. J. Raptor Res. 44: 120–128.

Register

Dank

Wir bedanken uns sehr bei den vielen Kolleginnen und Kollegen, die uns mit ihren Veröffentlichungen und Hinweisen bei der Zusammenstellung der Angaben in den Artkapiteln unterstützt haben. Auch den Fotografen gilt unser Dank, denn ihre Fotos, die oft unter schwierigen Bedingungen entstanden sind, begeistern viel mehr als bloße Texte. Wir haben uns sehr bemüht, dieses Buch als eine kleine Einführung in die Welt der europäischen Greifvögel und Falken für Menschen ohne besondere Vorkenntnisse so interessant wie möglich zu gestalten. Auch Leserinnen und Lesern, die in der Greifvogelkunde schon etwas fortgeschritten sind, sollen eine kurze und fachlich fundierte Übersicht mit diesem Buch erhalten. Sollten sich Fehler oder Irrtümer ergeben haben, bitten wir um Mitteilung an den Verlag für die Überarbeitung zur nächsten Auflage. Unser herzlicher Dank gilt dem KOSMOS-Verlag und Stefanie Tommes sowie der Lektorin und Setzerin Barbara Kiesewetter für ihre wunderbare Unterstützung beim Werdegang dieses Buches.

Bildnachweis

P. Dougalis 97; **H. Fürst/D. Stahl** 14; **H.-J. Fünfstück** 95, 99; **C. Gelpke** 21u; **M. Grimm** 140; **S. Harvančik** 89u, 120, 121, 176o, 219; **A. Heiland/motivedernatur.de** 205; **S. Herold** 23o, 25; **A. Juvonen/birdphoto.fi** 18u, 172; **A. Limbrunner** 5, 64/65, 72u, 126, 145, 192, 201, 239; **W. Lorenz** 36; **R. Martin** 108; **M. Mayer** 33; **C. Moning** 49, 54, 75, 89o, 96o, 100o, 182o, 200; **G. Moosrainer** 142/143, 187; **T. Muukonen/birdphoto.fi** 48, 60; **W. Nachtigall** 9, 12, 13, 14MO, 14M, 14u, 15, 19, 20, 23u, 27, 68, 69, 70/71, 72o,136, 149, 150, 151, 152, 153o, 153u, 156, 157o, 157u, 158, 159, 163, 168, 176u, 177o, 177u, 178o, 179, 180, 241o, Umschlagklappe hinten; **D. Nill** 8, 35, 11, 118, 124, 138/139, 155, 203, 210, 218, 220/21, 230/231, 232, 233, 248; **S. F. Olsen** 2/3; **J. Peltomäki/birdphoto.fi** 113, 130; **T. Pröhl/fokus-natur.de** 4, 16o, 16u, 17o, 17u, 18 o, 26, 29, 30/31, 39, 41o, 41u, 43, 44/45, 46u, 51, 53, 55, 56, 59, 66, 74, 78, 79, 80/81, 83, 84, 85, 86, 88, 92/93, 96u, 100u, 101, 103, 104/105, 110, 122, 135, 141, 147, 160, 170/171, 173, 178u, 182u, 186u, 190, 194/195, 196, 197, 198, 207, 208/209, 212/213, 214, 217, 224, 225, 227, 237, 238, 240o, 241, Umschlagklappe vorne; **F. Richter** 240u, 241M; **C. Rohde** 34; **M. Römhild** 206; **M. Schäf** 22, 107, 115, 116, 119, 125, 128, 131, 175, 191, 234o; **D. Schmidt-Rothmund** 37, 234u; **A. Schulz-Benick** 162, 164, 165; **W. Suetens** 40, 46o; **J. Tébar** 61, 236; **M. Varesvuo/birdphoto.fi** 7, 10, 21o, 63, 91, 114, 132/133; **W. Wisniewski** 75, 111, 166, 167, 223; **K. Wothe** 183, 185, 202, 228/229; **P. Zeininger** 127, 186o, 189, 215

Seeadler

S. 2/3: Seeadlerpaar beim Stelldichein.

S. 4: Baumfalke putzt den Fuß durch Beknabbern mit dem Schnabel.

S. 30/31: Rotmilan in Ruhestellung. Sein leicht aufgeplustertes Gefieder zeigt, dass der Vogel sich entspannt hat.

Impressum

Mit 203 Fotos.
Mit 239 Illustrationen von Paschalis Dougalis/KOSMOS
Mit 39 Verbreitungskarten von W. Lang/KOSMOS
Mit 34 Vogelstimmen von Jean C. Roché auf der KOSMOS-PLUS-App.

Umschlaggestaltung von Walter Typografie & Grafik, Würzburg, unter Verwendung einer Kopfstudie eines Fischadlers von Dr. Daniel Schmidt-Rothmund, Klappengestaltung von Barbara Kiesewetter. Das Foto auf der vorderen Umschlagklappe innen zeigt eine Steppenweihe von Torsten Pröhl / fokus-natur.de, das auf der hinteren Umschlagklappe außen zeigt einen Mäusebussard von Winfried Nachtigall. Die Illustrationen auf der vorderen und hinteren Umschlagklappe stammen von Paschalis Dougalis/KOSMOS.

Der Inhalt dieses Buches ist sorgfältig recherchiert und erarbeitet worden. Dennoch können weder Autoren noch Verlag für alle Angaben im Buch eine Haftung übernehmen.

Unser gesamtes Programm finden Sie unter **kosmos.de**
Über Neuigkeiten informieren Sie regelmäßig unsere Newsletter, einfach anmelden unter **kosmos.de/newsletter**

MIX
Papier | Fördert gute Waldnutzung
FSC® C015829
FSC www.fsc.org

Gedruckt auf chlorfrei gebleichtem Papier

ISBN: 978-3-440-16815-8
Projektleitung: Stefanie Tommes
Lektorat und Satz: Barbara Kiesewetter, München
Produktion: Markus Schärtlein
Druck und Bindung: Printer Trento
Printed in Europe / Imprimé en Europe